Hans-Jörg Kellner/Gisela Zahlhaas

Der römische Schatzfund von Weißenburg

W0186465

Prähistorische Staatssammlung
Museum für Vor- und Frühgeschichte München

Große Ausstellungsführer:

1. *Prähistorische Staatssammlung München*
   Die Funde aus Bayern.
   Von Hermann Dannheimer, 2. Aufl. 1980

2. *Torhalle auf Frauenchiemsee*
   Kunst, Geschichte, Führer zu den Ausstellungen.
   Von Hermann Dannheimer

3. *Der römische Schatzfund von Weißenburg*
   Römermuseum Weißenburg.
   Von Hans-Jörg Kellner und Gisela Zahlhaas, 1. Aufl. 1983

Die Führer sind an den Kassen der Museen der Prähistorischen Staatssammlung und im Buchhandel erhältlich.

Hans-Jörg Kellner/Gisela Zahlhaas

Der römische Schatzfund von Weißenburg

Verlag Schnell & Steiner München · Zürich

Fotonachweis: Prähistorische Staatssammlung München (M. Eberlein)

Diese Veröffentlichung bildet Band 103 in der Reihe „Große Kunstführer" unseres Verlages.
Begründet von Dr. Hugo Schnell † und Dr. Johannes Steiner. Herausgeber Dr. Paul Mai.
Verlegerische Betreuung Josef Fink.
© 1983 Verlag Schnell & Steiner GmbH & Co. München und Zürich.
Geschäftsführer Karl A. Stich. Gesamtherstellung: Erhardi Druck GmbH, Regensburg
ISBN 3-7954-0500-9

Inhalt

Von Schatzfunden in Bayern

Einen Schatz zu finden, einen Schatz zu besitzen, ist eine uralte Menschheitssehnsucht, ebenso alt, wie denn auch die Sorge um die Sicherung solch' wertvollen Besitzes. Wenn bei Großheubach im Landkreis Miltenberg ein Depot von 5 spitznackigen Steinbeilen und einem Kupferbeil gefunden wurde, so zeigt uns dies, was im 3. Jahrtausend v. Chr. einen Schatz dargestellt hat und des Vergrabens für wert erachtet wurde. Dieser so ziemlich älteste Schatzfund in Bayern weist mit seinen Rätseln auch schon gleich auf die verschiedenen möglichen Gründe für die Verbergung eines Schatzes hin; der Fund von Großheubach könnte aus kultischen Gründen, als Opfer, in einer akuten Gefahrensituation oder bei einer Katastrophe der Erde anvertraut worden sein. Aus der frühen Bronzezeit kennen wir so viele und so umfangreiche Schätze von bronzenen Ring- oder Spangenbarren, daß in Anbetracht des durchwegs recht ähnlichen Gewichts in den Barren schon eine Funktion als Wertmesser und damit eine Vorform von Geld gesehen wurde. Einer der größten dieser Funde stammt aus dem Luitpold-Park in München und war mit seinen rd. 500 Spangenbarren im Gesamtgewicht von 85 kg für das 18. Jahrhundert v. Chr. sicher ein ganz bedeutender Schatz. Da es in der Vor- und Frühzeit weithin üblich war, den Toten Sachbesitz und Ausstattung mit ins Grab zu geben, drückt sich die fortschreitende soziale Differenzierung in der mitunter recht reichen Ausstattung von „Fürstengräbern" aus; diese Vorstellung vom Schatz im Grab führte zu allen Zeiten zu Grabplünderungen, wobei sich die Germanen des 6. und 7. Jahrhunderts n. Chr. durch besondere Aktivität auszeichneten. Durch komplizierte und gigantische Grabbauten, die Pyramiden, riesige Grabhügel (Nemrud Dağ) oder Bestattungen im Fluß (Alarich im Busento) versuchten die Menschen in der Vor- und Frühzeit, die Schätze im Grab vor jedem Zugriff zu schützen.

Ein Schatz konnte also aus den verschiedensten Gründen verborgen worden sein, und es galt – und gilt heute noch – ihn aufzuspüren und zu heben. Hierzu braucht man Hilfe, die man sich früher vom Bösen, von der Magie und Beschwörung, von Opfern oder Sonntagskindern, heute von der Technik (Metallsuchgeräte) erhofft. Gerade das gemeinsame Gedankenfeld: Schatz – Gold – Magie, hat die menschliche Phantasie immer enorm angeregt. Groß ist deshalb die Zahl der Sagen, die von vergrabenen oder versunkenen Schätzen berichten. Zu den ältesten gehört ja bei uns die Nibelungensage, in der der Hort der Nibelungen Anlaß zu heftigen Auseinandersetzungen und blutigen Kämpfen gibt. Von den einschlägigen Märchen ist das bekannteste von Hauff, Der Schatzhauser im Thannwald, und von den Dichtungen die berühmteste von Goethe, der damit dem „Schatzgräber" ein literarisches Denkmal gesetzt hat. Auch im Faust II spielt dieser Vorstellungskreis eine Rolle:

> „Bedenk doch nur: in jenen Schreckensläuften,
> Wo Menschenfluten Land und Volk ersäuften,
> Wie der und der, so sehr es ihn erschreckte,
> Sein Liebstes da und dort wohin versteckte;
> So war's von je in mächt'ger Römer Zeit,
> Und so fortan bis gestern, ja bis heut.
> Das alles liegt im Boden still begraben, . . ."

Schließlich ist ja auch die Archäologie als Wissenschaft aus einer Art gezielter und aufgeklärter Schatzsuche entstanden. Zuerst grub man auf der Suche nach Schätzen Trichter in vorgeschichtliche Grabhügel, wühlte Ruinenstätten um und suchte in Burgruinen nach Schatzgewölben. Nachdem sich aber das Gesuchte nicht finden ließ, wandte man seine Aufmerksamkeit schon im 18. Jahrhundert den unscheinbareren Fundstücken zu. Erinnern wir uns, daß selbst später berühmt gewordene Ausgräber wie Heinrich Schliemann oder in Bayern Julius Naue recht eigentlich als Schatzgräber bzw. Raubgräber angefangen haben. Schätze und Schatzfunde sind für alle archäologischen Wissenschaftszweige auch heute noch von größtem Interesse, aber nicht wegen ihres materiellen Wertes, sondern wegen ihrer historischen Aussage über Vergrabungsumstände, -gründe und -zeit, wegen ihrer Zusammensetzung und wegen des künstlerischen Wertes und der technischen Details. Sie sind ,,Bewegliche Bodendenkmäler" im Sinne des bayerischen Denkmalschutzgesetzes und entsprechend geschützt. Das Gesetz zum Schutz und zur Pflege der Denkmäler vom 25. Juni 1973 definiert in Art. 1, Abs. 4: ,,Bodendenkmäler sind bewegliche und unbewegliche Denkmäler, die sich im Boden befinden oder befanden und in der Regel aus vor- und frühgeschichtlicher Zeit stammen." und sieht in Art. 2, Abs. 2 vor: ,,Auf Antrag des Berechtigten und in besonders wichtigen Fällen können bewegliche Denkmäler, soweit sie nicht nach Abs. 1 eingetragen sind, in das Verzeichnis (Denkmalliste) eingetragen werden.", wobei Schatzfunde wohl in der Regel zu den besonders wichtigen Fällen gerechnet werden müssen. Art. 7 regelt das Ausgraben von Bodendenkmälern und macht es von einer Genehmigung abhängig. Da aber Schatzfunde meist unerwartet und zufällig zutage kommen, ist hier Art. 8 über das Auffinden von Bodendenkmälern zuständig, der den Finder zur Anzeige an die Denkmalschutzbehörde verpflichtet und vorschreibt, daß ,,die aufgefundenen Gegenstände und der Fundort bis zum Ablauf von einer Woche nach der Anzeige unverändert zu belassen sind." Besonders wichtig ist Art. 9 über Auswertung von Funden; er besagt: ,,Der Eigentümer eines beweglichen Bodendenkmals, die dinglich Verfügungsberechtigten und die unmittelbaren Besitzer können verpflichtet werden, dieses dem Landesamt für Denkmalpflege befristet zur wissenschaftlichen Auswertung und Dokumentation zu überlassen."

Viel zuwenig bekannt ist die Tatsache, daß es in Bayern im Gegensatz zum früheren Preußen eine entschädigungslose Ablieferungspflicht für Bodenfunde und damit auch für Schätze nicht gibt. Die Eigentumsverhältnisse werden klar und eindeutig durch das Bürgerliche Gesetzbuch geregelt; darin heißt es in § 984: ,,Wird eine Sache, die so lange verborgengelegen hat, daß der Eigentümer nicht mehr zu ermitteln ist (Schatz), entdeckt und infolge der Entdeckung in Besitz genommen, so wird das Eigentum zur Hälfte von dem Entdecker, zur Hälfte von dem Eigentümer der Sache erworben, in welcher der Schatz verborgen war." Es entstehen also durch den Vollzug des Denkmalschutzgesetzes keine Vermögensnachteile. Wenn man dies bedenkt und sich andererseits vor Augen hält, welch' nicht wiedergutzumachender Schaden nicht nur für die Fachwissenschaft, sondern speziell für die Heimatgeschichte und Heimatkunde dadurch entsteht, daß ein wichtiger Fund nicht ausgewertet werden kann, dann möchte man eigentlich nicht glauben, daß Funde verheimlicht werden. Und doch kommt es immer wieder vor, daß gerade Schatzfunde aus Angst, Unkenntnis, Unwissenheit und tiefeingewurzeltem Mißtrauen gegen den Staat und seine Organe unterschlagen werden und nicht zur Kenntnis der Denkmalschutzbehörden gelangen.

Der Staat, Gebietskörperschaften und Kommunen unterhalten Museen als Stellen der Sammlung, der Erforschung und der Präsentation der frühen Zeugnisse unserer Geschichte. Diese Museen haben die Aufgabe, sich um die Bewahrung unseres Kulturgutes zu bemühen, also auch die Erwerbung von Schatzfunden zu betreiben. Im allgemeinen wird man dabei die Preisfindung an der Situation im Antikenhandel orientieren und die gerade hier sehr großen Handelsspannen nicht außer Acht lassen können. Der heutige Museumsbeamte versteht sich als ehrlicher Makler, indem er mit öffentlichen Geldern Exponate für die Öffentlichkeit erwirbt. Da er sich Unkorrektheiten nicht leisten kann, wird ein Finder im allgemeinen im Museum einen besseren Preis erzielen als beim Händler, der nicht selten solche Funde wieder mit Gewinn dann einem Museum anbietet.

Schatzfunde sind in Bayern nicht gerade selten. Waren es zwischen den beiden Kriegen mehrere römische Denarschätze, die Aufschluß über den Zusammenbruch der römischen Herrschaft nördlich der Alpen brachten, so kamen seit den fünfziger Jahren durch vermehrte Bodeneingriffe u. a. ein größerer keltischer Münzschatz, ein Fund römischer Aurei und vor allem mehrere Funde mit

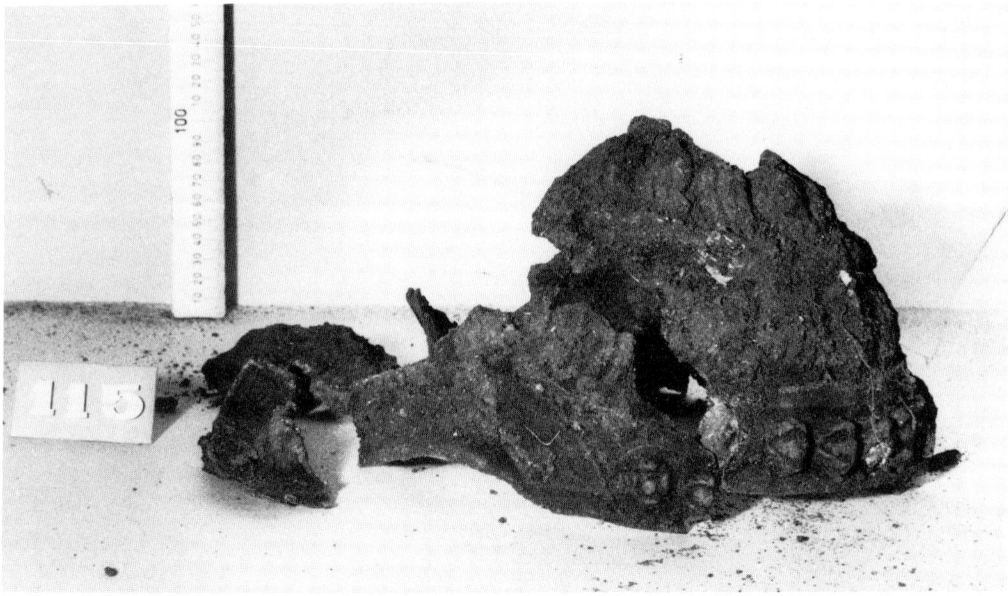

1/2 Ergebnisse der Restaurierung und Konservierung: Der eiserne Hinterhaupthelm (Kat. 43) nach der Auffindung und im jetzigen restaurierten Zustand.

römischen Paraderüstungsteilen aus dem Boden. Bei letzteren machte 1950 der Schatzfund von Straubing den Anfang, der Verwahrfund von Eining setzte 1974 die Reihe fort, und der Schatzfund von Weißenburg bildet als derzeit größter bisher den Abschluß.

Auffindung

Als am Freitag, dem 19. 10. 1979, ein Weißenburger Hobby-Gärtner daranging, im Garten von Fl.-Nr. 897/6 „Am Römerbad" ein neues Spargelbeet anzulegen, ahnte er nicht, welche Folgen dies haben sollte. Auch als er bei dieser Arbeit gegen 15 Uhr in 30 bis 40 cm Tiefe auf grün patinierte Bronze stieß, wurde ihm trotz der geringen Entfernung zur großen römischen Therme nicht gleich klar, daß er auf einen römischen Fund gestoßen war. Nachdem er ein Bronzesieb und einen Bronzeeimer entfernt hatte, stieß er auf die verrosteten Teile eines eisernen Klappstuhls mit Bronzebeschlägen und sah in ihnen zunächst Teile eines alten Bettgestells. So glaubte er sich berechtigt weiter zu graben, erweiterte das Loch und nahm den Klappstuhl in Fragmenten heraus. Darunter kamen guterhaltene Eisenketten, die ebenfalls für ihn noch nicht typisch römisch ausgesehen haben. Erst als er darunter zwei umgestülpte Bronzeschalen fand und unter diesen wiederum bei der einen ein Nest von Bronzestatuetten und bei der anderen aufgeschichtet Silbervotivplatten, war ihm klar, daß er auf einen wichtigen Schatzfund gestoßen war. Nun jedoch gab's kein Halten mehr; es war Freitagnachmittag und das Grundstück konnte nicht abgeschlossen werden. So wurde mit Angehörigen seiner Familie das Loch entsprechend erweitert und außen um die beiden Bronzeschalen herum noch eine ganze Anzahl anderer Bronze- und Eisengegenstände geborgen.

Die Kenntnis vom Fund verbreitete sich rasch, und das Landesamt für Denkmalpflege schaltete sich ein. Allerdings konnten sich die – wie sich mittlerweile herausgestellt hatte – drei Eigentümer nicht dazu verstehen, den Fund gleich zur wissenschaftlichen Erfassung und Registrierung herauszugeben. Sie gestatteten jedoch dem Leiter der Außenstelle Nürnberg des Bayerischen Landesamtes für Denkmalpflege, Dr. Harald Koschik, eine Nachgrabung an der Fundstelle, durch die noch weitere Teile des Fundes geborgen werden konnten, womit sich die Fundstelle verifizieren ließ. Nähere Aufschlüsse über die Art der Deponierung und über das engere Umfeld der Funddeponie ließen sich nicht mehr gewinnen. Nachdem so Art, Umfang, Inhalt und Bedeutung des Fundes klargeworden waren, wurde seine Eintragung sowohl in die Liste zum Schutz gegen Abwanderung deutschen Kulturgutes, als auch als bewegliches Denkmal in die Denkmalliste gemäß Denkmalschutzgesetz beantragt und der Direktor der Prähistorischem Staatssammlung vom Bayerischen Staatsministerium für Unterricht und Kultus beauftragt, mit den Eigentümern Verbindung aufzunehmen und einen Bericht vorzulegen.

Durch Vermittlung von Landtagsvizepräsident E. Lechner und des Weißenburger Oberbürgermeisters Dr. G. Zwanzig konnte dann am 6. 3. 1980 der Fund mit allen seinen Teilen studiert und listenmäßig erfaßt werden. Dabei stellte sich heraus, daß es sich um den größten Schatzfund seiner Art nicht nur in Bayern, sondern auch in der Bundesrepublik handelt. Der daraufhin erteilte Auftrag, den Fund für den Freistaat Bayern (Prähistorische Staatssammlung) zu erwerben und damit für die Allgemeinheit zu erhalten und für die Wissenschaft zu sichern, konnte durch mancherlei unbürokratische und kollegiale Hilfe, besonders aber durch die persönliche Entscheidung von Kultusminister Dr. H. Maier, relativ rasch erledigt werden; der Fund ist seit dem 22. 4. 1980 im Besitz der Prähistorischen Staatssammlung.

Konservierung

Die Bronzen des Fundes waren von einer dicken Schicht z. T. wuchernder Patina überzogen, eine Reihe von Stücken, besonders die dünnwandigen Schalen und Becken, zudem noch zerbrochen, verbogen und verspannt. Die Eisengegenstände steckten unter einer dicken, teilweise unförmigen

3/4 Ergebnisse der Restaurierung und Konservierung: Die Bronzestatuette der Minerva (Kat. 14) in halb und in ganz restauriertem Zustand.

Schicht Rost, der tief eingefressen war und bei manchen nicht einmal mehr einen festen Eisenkern übriggelassen hatte, so daß diese Stücke in Fragmente zerfallen und zerbrochen waren; dies war besonders bei dem eisernen Hinterhaupthelm, bei der Schnellwaage und beim Klappstuhl der Fall. Sogar die Silbervotive waren patiniert und wiesen von innen her Aufblühungen auf, was auf eine geringhaltige Legierung zurückzuführen ist.

Bei ihrem Erhaltungszustand und der großen Zahl der Fundstücke war klar, daß für die Werkstätten der Prähistorischen Staatssammlung zusätzlich zu dem sonstigen großen Arbeitsanfall eine Restaurierung und Konservierung des Schatzfundes in einer absehbaren Zeit nicht möglich ist. Wir haben es deshalb dankbar begrüßt, daß uns Unterstützung und Hilfe von mancher Seite zuteil geworden ist. Am wichtigsten war uns die Hilfe des Römisch-Germanischen Zentralmuseums in Mainz, mit dem die Prähistorische Staatssammlung eine lange und fruchtbare Zusammenarbeit verbindet und dessen international führende Werkstatt die Restaurierung eines Teiles der schwierigsten Objekte übernommen hat. Die Gesellschaft der Freunde der Bayerischen Akademie der Wissenschaften stellte uns durch Vermittlung von Professor Dr. J. Werner Geldmittel zur Verfügung, von denen u. a. ein Restaurator für einige Monate bezahlt werden konnte. Und schließlich ordnete die Stadt Weißenburg i. B. bis zur Fertigstellung der dortigen Werkstatt ihren Restaurator zu uns ab, nachdem der Fund noch 1983 im Römermuseum Weißenburg, einem Zweigmuseum der Prähistorischen Staatssammlung, zur Ausstellung kommen soll.

Über die technische Durchführung der Konservierungsarbeiten, bei denen ja auf den speziellen Zustand jedes Stückes im einzelnen eingegangen werden mußte, hier zu berichten, würde zu weit führen. Alle beteiligten Damen und Herren haben Hervorragendes geleistet und sich den Dank der Wissenschaft und der Öffentlichkeit verdient. Das ganze Ausmaß der Arbeit, das dem Besucher der Ausstellung bei der Betrachtung der qualitätvollen Fundstücke jetzt in einem hervorragenden Zustand kaum mehr erkennbar ist, wird wohl am besten durch die Gegenüberstellung einiger Abbildungen von Gegenständen vor und nach der Restaurierung angedeutet und illustriert.

Katalog

A Votivbleche

Die Gruppe der silbernen Votivbleche gehört mit zu den umfangreichsten, die von Objekten dieser Art jemals gemacht wurden. Alle elf Stücke sind figürlich verziert, eines trägt eine Inschrift. Auch die Form bietet sich bei allen gleich dar: unten eine rechteckige bis trapezförmige Platte, welche die Darstellung der angeflehten Gottheit in Architekturrahmen trägt. Das umgebende freie Feld ist mit Schrägschraffuren versehen. Der obere Aufsatz ist dreigeteilt und besteht aus einem mittleren dreieckigen Blatt und zwei seitlichen nach unten gebogenen Blättern. Manche Exemplare machen deutlich, daß sie unten auf eine Stütze aufgesetzt waren. Bei einigen Blechen läßt sich feststellen, daß gleiche Model zur Herstellung von Figuren und Architekturteilen benutzt wurden. Dargestellt – und damit auch durch die Weihung angefleht – sind durchweg klassische römische Götter.

Göttertrias

Die Verbindung von Minerva mit Apollo und Merkur scheint einer einheimischen Kultgemeinschaft zu entsprechen, obwohl die Gottheiten in rein römischer Gestalt auftreten. Begleitet sind sie von ihren Attributtieren Eule, Rabe und Hahn, und in Händen halten sie weitere Attribute: Minerva hat ihre Waffen, Apollo Kithara und Plektron, Merkur Geldbeutel und Caduceus.

1

Votiv an eine Göttertrias *(Abb. 5)*

Inv. Nr. 1981, 4364. H. 26,5 cm

Die Göttertrias steht in einer Ädikula mit tordierten Säulen, in der Mitte Minerva, rechts Merkur, links Apollo, der sein Plektron auf eine daneben stehende Säule gelegt hat.

2

Votiv an eine Göttertrias

Inv. Nr. 1981, 4363. H. 27,5 cm

In einer Art Arkade steht Minerva als größte Figur im Zentrum, rechts Apollo auf seine Kithara gestützt, links Merkur. Auf den horizontalen Gebälkteilen seitlich je zwei Delphine.

Mars

Der römische Kriegsgott wird mit diesem Votiv angefleht. Er genoß bei den Soldaten naturgemäß große Verehrung, so daß zahlreiche Darstellungen und Weihungen aus unserem Gebiet bekannt sind. Häufig wurde Mars auch mit bodenständigen keltischen Gottheiten gleichgesetzt.

3

Votiv an Mars

Inv. Nr. 1981, 4371. H. 20,5 cm

In einer Ädikula steht Mars, gerüstet mit Panzer, Helm, Schild und Lanze. Im Giebelfeld ein Kranz. Die Form des Bleches ist asymmetrisch, ursprünglich war die Darstellung wohl nicht für dieses Blech geplant.

Merkur

Merkur wurde in den nördlichen Provinzen wohl am meisten verehrt, da wir von ihm unzählige Zeugnisse – Darstellungen, Weihungen, Inschriften – kennen. Er ist der Götterbote, der Geleiter der Seelen der Verstorbenen, der Schutzherr von Handel und Verkehr und auch der Diebe (vgl. auch Kat. 17–19).

4

Votiv an Merkur *(Abb. 6)*

Inv. Nr. 1981, 4365. H. 25,0 cm

In einer Ädikula steht etwas erhöht Merkur, nackt, den Mantel um Schultern und linken Unterarm geschlungen. Als seine Attribute sind Geldbeutel, Heroldstab, Flügelhut, Flügelschuhe und Hahn dargestellt. Die Figur ist über dieselbe Form getrieben wie der Merkur von Kat. 1.

5 *Silbervotiv an die Göttertrias Minerva, Merkur und Apollo (Kat. 1)*

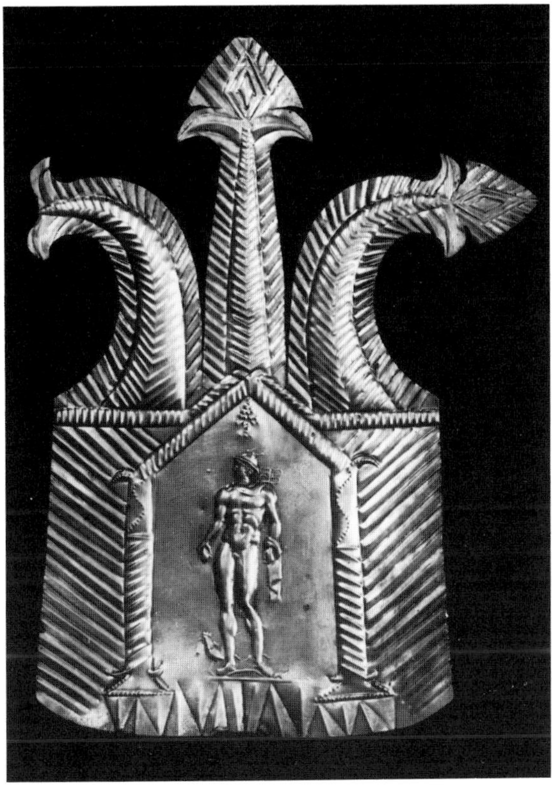

6 *Silbervotiv an Merkur (Kat. 4)*

7 *Silbervotiv an Herkules (Kat. 5)*

Herkules

Der vergöttlichte Heros Herkules gehört ebenfalls zu den stark verehrten Gottheiten unseres Gebietes, das römische Heer hatte eine besonders enge Beziehung zu ihm. Auch manche römischen Kaiser förderten seinen Kult, ja sahen sich selbst als zweiten Herkules (vgl. auch Kat. 23).

5
Votiv an Herkules *(Abb. 7)*
Inv. Nr. 1981, 4368. H. 29,7 cm

Zwischen zwei Säulen mit Bogenarkade steht Herkules, athletisch und bärtig, in einer Hand seine Keule, in der anderen das Löwenfell. Über den Säulen jeweils zwei Delphine. Unter der Darstellung eine tabula ansata mit einer Weihinschrift.

Genius

Darstellungen wie diese, die sich nicht durch eindeutige Attribute näher bestimmten lassen, werden üblicherweise als Genius Populi Romani bezeichnet. Dazu berechtigten Münzbilder mit demselben Motiv und der entsprechenden Umschrift. Der Genius ist ein Schutzgeist und erhält wie andere Götter Weihungen und Opfer (vgl. zu anderen Genien Kat. 24–26).

6
Votiv an einen Genius
Inv. Nr. 1981, 4362. H. 30,2 cm

In einer Ädikula steht ein Genius, der als Jüngling mit Füllhorn und Schale dargestellt ist. Als Gewand trägt er einen Mantel um die Hüften geschlungen. Neben ihm ein kleiner Opferaltar.

Luna

Luna, die Mondgöttin, begegnet ziemlich selten. Meistens tritt sie zusammen mit Sol, dem Sonnengott, als Symbol für den Lebensrhythmus im Wechsel von Tag und Nacht auf.

8 Silbervotiv an Fortuna (Kat. 9)

9 Silbervotiv an Viktoria (Kat. 11)

7

Votiv an Luna (?)

Inv. Nr. 1981, 4370. H. 20,7 cm

Unter einer Bogenarkade steht die Göttin, bekleidet mit einem Untergewand und einem eng um den Körper gewickelten Mantel.
Die Enden der Mondsichel sind über ihren Schultern zu sehen. In der erhobenen Rechten hält sie einen Zweig, in der Linken auf einer Schale eine Schlange. An ihrem linken Handgelenk hängt ein Beutel.

Fortuna

Fortuna ist der Name der Schicksalsgöttin, die man in fast allen Anliegen anrufen konnte. Sie kann das Wohlgelingen aller privaten und staatlichen Unternehmungen herbeiführen. Deshalb finden sich zahlreiche Weihungen an die Göttin auch in unserem Gebiet. Die Attribute der Fortuna weisen auf ihren Wirkungsbereich hin: das Füllhorn verspricht alle guten Gaben, das Steuerruder befähigt sie, das Schicksalsboot sicher zu lenken, und das Rad symbolisiert das unaufhaltsame Auf und Ab des Glücks.

8

Votiv an Fortuna

Inv. Nr. 1981, 4366. H. 30,4 cm

Unter einer Bogenarkade steht die langgewandete Fortuna mit Füllhorn und Steuerruder.

9

Votiv an Fortuna *(Abb. 8)*

Inv. Nr. 1981, 4367. H. 22 cm

In einer Ädikula steht die Göttin mit Füllhorn und Steuerruder. Zu ihren Füßen rechts das Glücksrad, links die Weltkugel. Anscheinend ist hier Fortuna als die Lenkerin der Weltherrschaft des römischen Reiches angerufen. Im Giebelfeld ein Kranz.

10

Votiv an Fortuna

Inv. Nr. 1981, 4369. H. 21 cm

Unter einer Bogenarkade, die seitlich von Palmzweigen bekrönt ist, steht Fortuna mit Füllhorn und Steuerruder.

Viktoria

Die römische Siegesgöttin und Ausdruck der Weltherrschaft der Römer paßt gut in das Bild einer vom Militär geprägten Provinz. Ihre Wiedergabe, die wie vieles auf griechischen Vorbildern fußt, war nicht zuletzt durch die Münzbilder verbreitet und so im ganzen Reich bekannt.

11

Votiv an Viktoria *(Abb. 9)*
Inv. Nr. 1981, 4361. H. 20,5 cm

In einer Ädikula steht die langgewandete und geflügelte Göttin. Sie hält im linken Arm einen Palmzweig, in der rechten Hand einen Siegeskranz. Im Giebelfeld ein Stern.

B Statuetten

Die Statuetten des Weißenburger Schatzfundes fallen völlig aus dem Rahmen der bisher in Bayern, ja in ganz Deutschland gefundenen Bronzefiguren. Sie stellen in ihrer Größe, Qualität, ihrem Erhaltungszustand, z. T. auch in ihren Motiven einmalige Stücke dar. Herstellungszeit und -ort bieten ein weitgefächertes Bild: über mehr als hundert Jahre kamen die Statuetten aus ganz verschiedenen Gegenden des römischen Reiches hier in Weißenburg zusammen. Da es durchweg Götterfiguren sind, stammen sie sicherlich aus einem Tempel oder Heiligtum, wo sie als Donativ zur Verehrung aufgestellt waren. Die Auswahl repräsentiert die Religion des römischen Mutterlandes wie der Provinz, auch der Charakter Raetiens als Durchgangsland, als Grenzland und Militärgebiet kommt dabei zum Ausdruck.

Die kapitolinische Trias

Jupiter, Juno und Minerva standen an der Spitze der römischen Götterhierarchie und wurden zusammen in einem Tempel auf dem Kapitol in Rom verehrt. Sie bilden die sog. kapitolinische Trias, und ihre Verehrung breitete sich über das ganze römische Imperium aus. Jupiter, als der höchste der Götter, wurde auch in den Provinzen als Göttervater angesehen und erhielt zahlreiche Weihungen. Caesar erwähnt ihn neben Merkur, Apollo, Mars und Minerva als einen der meistverehrten Götter der Kelten. Juno, als die Gemahlin Jupiters, die Hüterin von Familie und Ehe, stellt die Göttermutter dar. Sie kommt in den Provinzen nicht sehr häufig vor, eher genossen andere einheimische Muttergöttinnen Verehrung. Die dritte Gottheit in diesem Verband ist Minerva. Sie tritt als Göttin der Weisheit und Künste, der klugen und umsichtigen Kriegsführung auf, besonders aber als Schützerin des Handwerks. Im süddeutschen Raum kommt die Göttin in der Kombination mit Apollo und Merkur als eine Art einheimische Göttertrias vor (vgl. Kat. 1 und 2).

12

Jupiter
Inv. Nr. 1981, 4386. H. 15,7 cm

Die Statuette zeigt den Gott nackt mit muskulösen Körperformen, einen Mantel, dessen Enden symmetrisch vorne herabhängen, über die Schultern gelegt. Das Haar ist kunstvoll mit Spirallocken an den Schläfen und einem zusammengebundenen Schopf im Nacken frisiert. Das Kinn umrahmt ein fülliger Bart. Als Jupiter kennzeichnet den Gott der Adler, der auf seiner ausgestreckten Rechten sitzt. In der Linken hielt er ursprünglich wohl ein Zepter. Der römische Künstler bezog sich bei dieser Götterdarstellung auf verschiedene Vorlagen der griechischen Kunst, z. B. orientierte er sich bei der Frisur an Beispielen der Zeit um 460 v. Chr.

13

Juno
Inv. Nr. 1981, 4375. H. 16,2 cm. Mit Sockel 21,6 cm

Die Göttin steht, in ein faltenreiches Gewand gekleidet, in majestätischer Haltung mit langem Zepter in der erhobenen Linken und einer Schale in der Rechten (fehlt jetzt) vor uns. Als Zeichen ihrer Würde trägt sie ein hohes Diadem im Haar. Das Gewand besteht aus einer Tunika und einem Mantel, der über Kopf und Schultern gelegt ist. Edle Metalle erhöhen den Wert der Figur: silbereingelegte Augen, das silberne Zepter und breite Armbänder aus Goldblech. Die Statuette ist nach römischer Manier rein auf Vorderansicht angelegt und extrem flach.

10 *Bronzestatuette des Apollo (Kat. 15)*

14

Minerva *(Abb. 3, 4)*

Inv. Nr. 1981, 4387. H. 16,6 cm. Mit Sockel 21,4 cm

Die Göttin in griechischem Gewand mit Aegis und Borgoneion hält in der Rechten eine silberne Lanze, in der Linken ist wohl ein Schild zu ergänzen. Auf dem Kopf trägt sie einen attischen Helm mit hohem Helmbusch. Die Darstellung geht auf ein griechisches Vorbild des 3. Viertels des 5. Jahrhunderts v. Chr. zurück. Die unmotivierte Körperneigung entspricht nicht dem Vorbild und ist auch nicht durch das Aufstützen auf den Speer zu erklären. Auffallend sind die sehr grob gebildeten Hände im Gegensatz zur übrigen sorgfältigen Arbeit. Die Augen sind in Silber eingelegt.

Apollo

Obwohl Apollo nach Merkur der bei den Kelten meist verehrte Gott war, kommt er nur in Darstellungen vor, die völlig der griechischen Ikonographie entsprechen. Die römischen Künstler hatten keine eigenen Bildtypen entwickelt, in den Provinzen kam es noch weniger dazu. Deshalb erscheint der Gott hier in klassischem Gewand: mit Kithara als Herr der Künste und Anführer des Musenchores oder mit Bogen als Herr über Krankheiten und Seuchen. In dieser letzten Deutung ist auch die Häufigkeit des Gottes in unserem Gebiet verständlich, hier wurde er mit Grannus, einem wohl keltischen Heilgott, gleichgesetzt.

15

Apollo *(Abb. 10, 11)*

Inv. Nr. 1981, 4383. H. 20,4 cm. Mit Sockel 25,4 cm

Der jugendliche Gott ist nackt dargestellt. Die Attribute, die er in Händen hielt, sind verloren, es waren in der Linken Pfeil und Bogen und in der Rechten vermutlich ein Ölzweig. Die Benennung als Apollo rührt daher, daß die Statuette einen Typus wiedergibt, wie er für Apollo um 450 v. Chr. in Griechenland geprägt wurde. Die Weißenburger Figur ist klassizistisch umgebildet. Die Augen der Figur sind in Silber eingelegt, ebenso ist der Sockel inkrustiert.

16

Apollo *(Abb. 12)*

Inv. Nr. 1981, 4385. H. 19 cm. Mit Sockel 25,7 cm

Der jugendliche Gott steht frontal und stützt sich mit dem linken Unterarm auf seine neben ihm stehende große Kithara. In der Rechten hält er ein Plektron, mit dem die Saiten des Instrumentes geschlagen werden. Seine üppige Lockenfrisur mit Haarschleife ziert

11 Sockel der Apollo-Statuette (Kat. 15)

12 Bronzestatuette des Apollo mit Kithara (Kat. 16)

ein Lorbeerkranz. Die Körpergestaltung erscheint sehr weichlich, fast feminin. Als Sockel dient ein Architekturgebilde mit Säulchen und Bögen. Vorbild der Statuette ist wohl ein hellenistisches Werk aus Kleinasien.

Merkur

Caesar schreibt: ,,Unter allen Göttern verehren sie (die Kelten) vornehmlich Merkur. Man sieht sehr viel Götterbilder von ihm. Sie halten ihn für den Erfinder aller Künste und für den Geleiter auf Wegen und Reisen, und es ist ihre feste Überzeugung, daß er den größten Einfluß auf Gelderwerb und Handel hat.“ Dementsprechend genoß Merkur, der mit mancherlei lokalen Gottheiten gleichgesetzt wurde, auch in unserem Gebiet große Verehrung und ist im Weißenburger Schatzfund gleich mit drei Figuren vertreten. Die Statuetten der nördlichen Provinzen zeichnen sich durch ihre vielen Attribute aus: Geldbeutel, Heroldstab, Flügelhut, Flügelschuhe, Begleittiere (Ziege, Widder, Hahn, Schildkröte). Dadurch entfernen sie sich ziemlich weit von ihren Vorbildern aus der griechischen Kunst.

17
Merkur
Inv. Nr. 1981, 4382. H. 21 cm

Der durch den Petasus als Merkur gekennzeichnete Jüngling steht in raumgreifender bewegter Haltung vor uns. Seine einzige Bekleidung ist ein kurzer Mantel, der den Körper halb bedeckt. In seiner linken Hand fehlt jetzt der Geldbeutel, die rechte ist in einer nicht zu deutenden Geste zum Kopf erhoben. Der Typus dieser Statuette nimmt die hellenistischen Herrscherbilder zum Vorbild.

18
Merkur *(Abb. 13)*
Inv. Nr. 1981, 4389. H. 15,6 cm. Mit Sockel 21,6 cm

Der nackte, auf dem rechten Bein stehende Gott hat den Mantel über die linke Schulter geworfen. An Attributen finden wir Geldbeutel, Flügelhut (mit Silberfolie überzogen), Flügelschuhe und Widder. Um den Hals trägt der Gott einen tordierten silbernen Halsring. Er steht auf einem achteckigen Sockel mit einer Weihinschrift. Die Figur ist in Gallien gefertigt.

19
Merkur
Inv. Nr. 1981, 4390. H. 13,3 cm. Mit Sockel 16,3 cm

Die Figur gibt einen dritten Merkurtypus wieder. Die Variation liegt im Mantel, der zusammengerafft zu einem Bausch auf der linken Schulter aufliegt und von einer runden Fibel gehalten wird. Sein unteres Ende ist um den linken Unterarm des Gottes gewickelt. Die üblichen Attribute sind: Geldbeutel, ein Caduceus aus Silberdraht, Flügel im Haar und eine Ziege. Hier diente eine hellenistische Hermesstatue als Vorbild.

Venus

Die Häufigkeit von Venusdarstellungen in unserem Gebiet steht im Gegensatz zur Seltenheit offizieller Zeugnisse des Kultes. Aus Bayern kennen wir keine Weihinschrift, die auf die Göttin zu beziehen wäre. Sie scheint also hauptsächlich im privaten Bereich angerufen worden zu sein. Ihr Wirkungsbereich war Liebe, Schönheit, Anmut und Fruchtbarkeit, sie war die Stifterin und Beschützerin der Ehe, was sich auch in ihren Attributen ausdrückt: Amor, Priap, Delphin, Toilettengeräte etc. Daneben leitete sie aber ebenso die jungen Mädchen zur Sittsamkeit an und wurde von den Frauen um den Schutz der Familie und des häuslichen Herdes angefleht. Der allgemeinen Häufigkeit entsprechen die drei Venusstatuetten des Weißenburger Schatzfundes. Jede verkörpert einen berühmten Typus. Hier läßt sich zudem der Brauch, Figuren mit zusätzlichem Schmuck zu versehen, gut belegen.

20
Venus
Inv. Nr. 1981, 4372. H. 23,3 cm. Mit Sockel 28,5 cm

Die Statuette stellt die Göttin im Typus der Venus Pudica dar, d.h. Venus unbekleidet und mit einer schamhaften Geste die Hände vor Brust und Schoß haltend. Sie wendet den Kopf nach rechts, ihre Haare sind zu einer hohen Schleife auf dem Kopf hochgebunden und im Nacken zusammengenommen. Goldbänder dienen als Fuß- und Armreifen. Auf dem relativ kleinen Sockel steht neben Venus noch ein Amor mit Alabastron und Muschelschälchen.

21
Venus
Inv. Nr. 1981, 4379/4384. H. 25,2 cm. Mit Sockel 30,9 cm

Diese Darstellung besitzt ihr Vorbild in einer weiteren berühmten antiken Statue, der Aphrodite von Knidos des Praxiteles aus der Zeit um 360 v. Chr., wenn auch mit Abänderungen. Die Göttin steht auf

13 Bronzestatuette des Merkur mit Silberschmuck (Kat. 18)

14 Bronzestatuette der Venus mit Goldschmuck (Kat. 22)

15 Bronzestatuette des Herkules (Kat. 23)

16 Löwenfell der Herkules-Statuette (Kat. 23)

17 Bronzestatuette eines Laren (Kat. 25)

18 Stiefel der Laren-Statuette (Kat. 25)

dem linken Bein und hat das rechte seitlich gesetzt. Sie ist unbekleidet und hält die Linke vor die Scham. Mit der Rechten hielt sie vielleicht wie das griechische Vorbild ihr Gewand. Ein schönes Detail sind die Sandalen aus Silberblech. Die Figur steht zusammen mit einem kleinen Priap auf einem breiten, durch Architekturmotive gegliederten Sockel.

22
Venus *(Abb. 14)*
Inv. Nr. 1981, 4381. H. 16,8 cm. Mit Sockel 20,4 cm

Die Göttin steht auf dem rechten Bein, ihre rechte Hüfte ist in einer betonten Kurve geschwungen. Mit der linken Hand bedeckt sie ihre Scham, in der rechten hält sie einen Apfel, den Siegespreis aus dem Parisurteil. Eingestochene Ornamente und Goldbänder bilden den Schmuck. Die Frisur mit den einzelnen Haarwülsten, die Proportionen, die geringe Tiefe und die bewegte Konturlinie zeigen deutlich einheimischen Stil.

Herkules

Herkules ist ein in den Provinzen sehr verehrter Gott und von allumfassender Wirksamkeit. Ausgehend von seiner Bedeutung im griechischen Mythos, wo er dank seiner Kraft zwölf mühevolle Abenteuer siegreich bestand, gilt er als Bezwinger aller Gefahren und Notlagen, als Helfer im Kampf und sportlichen Wettkampf. Außerdem beschützte er die Reisenden und wachte über die Redlichkeit des Handelsverkehrs. Schließlich galt er als Überwinder des Todes. In germanischen Provinzen wurde er mit Donar wesensgleich gesehen.

23
Herkules *(Abb. 15, 16)*
Inv. Nr. 1981, 4376. H. 14,9 cm. Mit Sockel 20,8 cm

Der Gott steht auf dem linken Bein gerade aufgerichtet. Er ist unbekleidet und von kräftiger Statur. Über seinem linken Arm hängt das Löwenfell, mit der Rechten hält er die Keule. Als weitere Attribute trägt er die Äpfel der Hesperiden in der Hand. Sein Haupt bekränzen Pappelblätter. Zu seinen Füßen steht ein kleiner Eber. Die Statuette ist der Nachklang einer griechischen Statue der Zeit um 460/50 v. Chr.

Haus- und Ortsgötter

Neben den großen Gottheiten gibt es in der römischen Religion verschiedene Schutzgeister. Darunter zählen die Laren und Penaten, zuständig für Haus und Familie, die man zu Hause in den sog. Lararien – kleinen nischenartigen Heiligtümern – verehrte und denen man täglich kleine Opfergaben darbrachte. Im öffentlichen Bereich gab es den Ortsgenius für eine Ansiedlung, den Genius Populi Romani oder die Darstellung des opfernden Kaisers.

24
Ortsgenius
Inv. Nr. 1981, 4380. H. 19,2 cm. Mit Sockel 23,6 cm

Der Ortsgenius steht unbekleidet mit etwas unmotiviert überkreuzten Beinen vor uns. Er zeichnet sich durch seine Attribute aus: die Mauerkrone weist auf eine Siedlung, der Helmbusch betont den militärischen Charakter, das Füllhorn verspricht die irdischen Güter in Fülle, und das Blitzbündel, das eigentlich Jupiter gehört und dessen Allmacht symbolisiert, soll wohl als Zeichen für die besondere Gunst des Göttervaters verstanden werden. Ehemals vergoldet.

25
Lar *(Abb. 17, 18)*
Inv. Nr. 1981, 4373. H. 20,4 cm. Mit Sockel 25,9 cm

Der Lar, der auf dem linken Bein steht, trägt ein voluminöses faltenreiches Gewand und einen Mantel, dessen Ende vor dem Unterkörper lang in Schwalbenschwanzfalten herabhängt, außerdem halbhohe Stiefel. Im linken Arm hält er ein Doppelfüllhorn, in der Rechten eine Schale. Die Augen sind in Silber eingelegt und in Kupfer zwei senkrechte Streifen am Gewand. Besonders reich ist auch der Sockel gestaltet.

26
Togatus
Inv. Nr. 1981, 4374. H. 16 cm. Mit Sockel 21,6 cm

Wir sehen einen Opfernden in der zur Opferhandlung vorgeschriebenen Toga mit verhülltem Kopf. In der Rechten hält er die Spendeschale bereit, in der Linken eine zusammengerollte Schriftrolle. Im privaten Bereich stellte man so den Genius des Hausherren dar, im öffentlichen den Genius des Kaisers. Porträtzüge lassen sich bei dieser Statuette jedoch nicht feststellen.

Dekorationsfiguren

Die Römer hatten viel übrig für Statuen und Statuetten, die sie in irgendeiner Weise in den täglichen Gebrauch einbeziehen konnten. So gibt es Statuen, die Ranken in Händen halten, an die man Lampen hängen konnte. Oder man hatte Figuren im Zimmer stehen, die als stumme Diener fungierten und Tabletts halten konnten. In kleinem Format gibt es unzählige Figuren – vorzugsweise Eroten –, welche Lampen und Fackeln, Kerzen und Schalen hielten.

27/28
Erotenpaar
Inv. Nr. 1981, 4377 und 4378. H. 19,5 und 19,1 cm. Mit Sockel 21,7 cm und 21,3 cm. Mit Schale 22,3 cm

Zwei dickliche geflügelte Eroten im typischen Kinderschema sind als Pendants gearbeitet. Sie sind nackt und erscheinen fast schwebend in tänzelndem Schritt. Einen Arm haben sie erhoben. Die Figuren hielten entweder Schalen oder Lampen. Sie sind gut modelliert und plastisch gearbeitet.

Kleine Figuren und Gerätteile

29
Sockel
Inv. Nr. 1981, 4397. H. 6,2 cm

Unverzierter Sockel mit Kehle in der Mitte.

30
Amor
Inv. Nr. 1981, 4392. H. 6 cm

Das ziemlich kursorisch gearbeitete Figürchen stellt Amor mit Spiegel und Kranz in Händen dar. Unten ein Zapfen zum Einlassen in einen Sockel.

31/32
Zwei Vögel
Inv. Nr. 1981, 4393 und 4394. H. 3,2 cm

Bei den beiden Vögeln handelt es sich möglicherweise um Adler (vgl. Adler beim Jupiter Kat. 12).

33
Gerätfuß mit Erote
Inv. Nr. 1981, 4391. H. 10,1 cm

Auf einen rechteckigen Sockel ist der Unterteil eines im Querschnitt U-förmigen Fußes gelötet. Davor steht ein Erote mit Trauben in der Hand.

34
Zweig
Inv. Nr. 1981, 4398. H. 9,3 cm

Kräftiger Zweig mit Blättern. Unten Lötspur, oben etwas verbreitert. Vielleicht zu Kat. 33 gehörig und das Ganze als Lampenfuß gedacht.

19 Lampenfuß aus Bronze (Kat. 36)

35

Füllhornbekrönung

Inv. Nr. 1981, 4396. H. 5 cm

Komposition aus Früchten, Ähren, Nüssen etc. Vermutlich handelt es sich um den oberen Teil eines Füllhorns (vgl. die Füllhörner der Figuren Kat. 24 u. 25).

36

Lampenfuß *(Abb. 19)*

Inv. Nr. 1981, 4399. H. 11 cm

Auf einer rosettenförmigen Basis sitzt der Fuß auf, der mit einem ösenförmigen Griff versehen und mit einem Löwenkopf dekoriert ist.

37/38

Zwei Lampen

Inv. Nr. 1981, 4395 a und b. H. 6,5 und 6,3 cm

Zwei kleine gegossene Gefäße in Form von Krateren, die als Lampen verwendet wurden.

39

Lampe

Inv. Nr. 1981, 4438. H. 102 cm

Auf einem langen vierkantigen Eisenstab, der unten spitz zuläuft, ist eine Bronzelampe montiert. Sie hat unten einen langen gerieften Teil, sonst eine übliche schlichte Lampenform mit Schnauze und Einfüllöffnung, zudem hinten noch eine zylindrische Tülle.

C Paraderüstungsteile

Zu militärischen Reiterspielen und Turnieren legte man besonders prächtige Rüstungen an, wobei sich die gegnerischen Gruppen im Erscheinungsbild deutlich unterscheiden mußten. Zu den Paraderüstungen gehörten auch Gesichtshelme, die aus zwei Teilen bestanden: einer Maske und einem Hinterkopfteil. Auch die Pferde waren mit Panzern ausgerüstet. Da die Rüstungen keinen echten Kampf bestehen mußten, waren sie alle aus dünnem Bronzeblech gefertigt und mit vielen Dekorationen versehen.

40
Gesichtsmaske *(Abb. 20)*
Inv. Nr. 1981, 4401. H. 22,5 cm

Bronzemaske mit Schlitzen für Augen, Nase und Mund. Die Haare sind in kurzen Locken wiedergegeben.

41
Gesichtsmaske
Inv. Nr. 1981, 4402. H. 23,0 cm

Bronzemaske vom gleichen Typus mit kurzer Lokkenfrisur wie Kat. 40.

42
Gesichtsmaske
Inv. Nr. 1981, 4400. H. 24 cm

Verzinnte Bronzemaske mit vollem Gesicht. Die Haarsträhnen sind bei dieser Frisur aus dem Gesicht gekämmt und in Wellen gegliedert. Oben am Kopf sitzen zwei flügelartige Locken.

43
Hinterkopfhelm *(Abb. 1, 2)*
Inv. Nr. 1981, 4403. H. 20,5 cm

Der eiserne Hinterkopfhelm hat eine Frisur, bei der sich kurze Locken vom Wirbel aus nach allen Seiten legen. Aus Bronze sind angefügt: ein Nackenschutz, Ohrschutz, ein Streifen am vorderen oberen Rand mit Rosetten- und Buckelzier und ein Kranz am Hinterkopf. Alle Bronzeteile wirkten goldglänzend.

D Gefäße

Die zwanzig Gefäße und Gefäßteile des Weißenburger Schatzfundes sind in ihrer Art ebenso außergewöhnlich wie etwa die Votivbleche und die Statuetten. Sie zeichnen sich durch ihre technische und künstlerische Qualität und durch ihren Erhaltungszustand aus. Viele von ihnen tragen figürliche Verzierung, sowohl plastisch gegossen wie auch in Ritzzeichnung eingraviert. Eine Gruppe der Gefäße stammt deutlich aus sakralem Zusammenhang (einige sind laut ihrer Inschrift direkte Weihungen), andere wiederum könnten auch als profanes Geschirr Verwendung gefunden haben. Die Bronzegefäße, die sicher nicht allzulang in Gebrauch waren, eignen sich am besten für die zeitliche Fixierung des Vergrabungsdatums. Auch bei den Gefäßen sind ganz unterschiedliche Herstellungsorte und Werkstätten anzunehmen.

Kannen

Im Schatzfund sind vier verschiedene Kannentypen vertreten, drei davon mit sorgfältig gestalteten Attaschen und Henkeln. Kannen sind als Opfergerät belegt oder dienten als tägliches Trinkgeschirr.

44
Kanne *(Abb. 21, 22)*
Inv. Nr. 1981, 4404. H. 28,5 cm

Die Kanne besitzt einen gleichmäßig gerundeten Körper und einen engen Hals. Die Mündung weitet sich flach und endet in einem dicken Rand. An dem getriebenen Gefäßkörper sitzt der gegossene Henkel.

20 Paraderüstungsmaske aus Bronze (Kat. 40)

21 Bronzekanne mit Attasche, auf der Vulkan dargestellt ist (Kat. 44)

22 Vulkan bei der Arbeit. Attasche der Kanne (Kat. 44)

Er sitzt am Mündungsrand mit zwei Vogelköpfen an, ein hochstehendes Blatt überragt ihn. Den senkrechten Teil zieren eine Art Ädikula und ein Helm auf einem drapierten Mantel. Auf der Attasche ist vor einer Hausfront Vulkan bei der Arbeit am Amboß dargestellt. Der Schmiedegott trägt ein kurzes Gewand und eine Handwerkermütze und schwingt den Hammer.

45
Kanne *(Abb. 23)*
Inv. Nr. 1981, 4405. H. 28 cm

Die schmale Kanne hat einen fast spindelförmigen Umriß. An den Körper aus dünnem Bronzeblech ist der gegossene Henkel angefügt. Er sitzt an der Mündung mit zwei stark stilisierten Vogelköpfen an, besitzt eine hochstehende Daumenstütze in Form eines Blattes und eine Attasche mit einem menschlichen Fuß in Sandale.

46
Kanne
Inv. Nr. 1981, 4406. H. 26 cm

Die Form der Kanne ist birnenförmig mit engem Hals. Der Boden wurde in der Antike schon einmal erneuert. Der Henkel mit dem üblichen oberen Vogelkopfansatz besitzt eine Attasche mit herzförmiger Grundplatte; auf ihr die kleine blattumkränzte Büste eines jugendlichen Satyrs mit Spitzohren. Auffällig ist, daß die Augen in Silber eingelegt sind.

47/48
Zwei Kannenhenkel
Inv. Nr. 1981, 4408 und 4407. H. 14 und 17 cm

Es handelt sich um sehr massiv gegossene Teile, die man an Kannen aus Bronzeblech angelötet hat. Das eine Exemplar besteht aus einer Mündung mit Ausgußschnauze, einem halben Scharnierteil, wo man einen Deckel anfügen konnte, und dem Henkel mit einer etwas groben Blattattasche. Beim zweiten Stück ist nur noch der Henkel samt Attasche erhalten.

Eimer

In der Antike fanden Eimer bei viel mehr Gelegenheiten Verwendung als in unserer Zeit, und es gab auch mehr verschiedene Eimerformen. Nicht nur zum Wasserholen bediente man sich dieses Gefäßes, sondern es hatte auch seinen festen Platz unter den Opfergefäßen, diente als Krater (Mischgefäß für Wasser und Wein) oder als Maßgefäß. Bei den meisten Eimern sind die Henkelattaschen mit Dekoration versehen.

49
Eimer
Inv. Nr. 1981, 4409. H. 29 cm

Der Bronzeeimer hat eine klare einfache Form mit konkaver nach oben ausschwingender Wandung und weiter Öffnung. Der Bügelhenkel bewegt sich in Attaschen, die gegossen und als Weinblätter gestaltet sind.

50
Eimer *(Abb. 24)*
Inv. Nr. 1981, 4410. H. 21,4 cm

Bronzeeimer von gleicher Form wie Kat. 49. Der Boden ist getrennt gearbeitet und angesetzt. Der Bügelhenkel bewegt sich in zwei Dreiecksattaschen.

51
Sieb *(Abb. 25)*
Inv. Nr. 1981, 4411. L. 37,5 cm

Bei dem Bronzesieb, das eine steile hohe Wandung und einen langen Griff besitzt, sind die Löcher in reichen Ornamentbändern angeordnet. Den Gefäßboden bedeckt eine Rosette, dann schließt ein Rankenband an, und die Wandung nimmt ein mäanderähnliches Muster ein.
Allgemein werden Siebe zum Abseihen von Flüssigkeiten verwendet. Eine spezielle Notwendigkeit zu ihrem Gebrauch ergibt sich bei der Weinzubereitung. Der Wein wurde bei den Römern mit Wasser vermischt und das Aroma durch den Zusatz verschiedener Gewürze und Kräuter bereichert. Vor dem Trinken konnten diese Zutaten mittels eines Siebes wieder entfernt werden.

52
Kessel *(Abb. 26)*
Inv. Nr. 1981, 4419. H. 22 cm

Der große Bronzekessel ist von zylindrischer Form, sein Rand leicht ausgebogen. Dieser Rand gab die Möglichkeit, einen eisernen Randreifen umzulegen (vgl. Kat. 84 und 85).
Kessel dieser Art dienten wohl meistens zum Kochen. Man konnte sie an dem Henkel des Randreifens über das Feuer hängen.

Teller

Teller und flache Platten aus Bronze dienten zum Auftragen von Speisen, und es gab sie dementsprechend in allen Größen und Ausführungen. Ganz kleine Teller konnten von Figuren wie Kat. 27 und 28 gehalten werden.

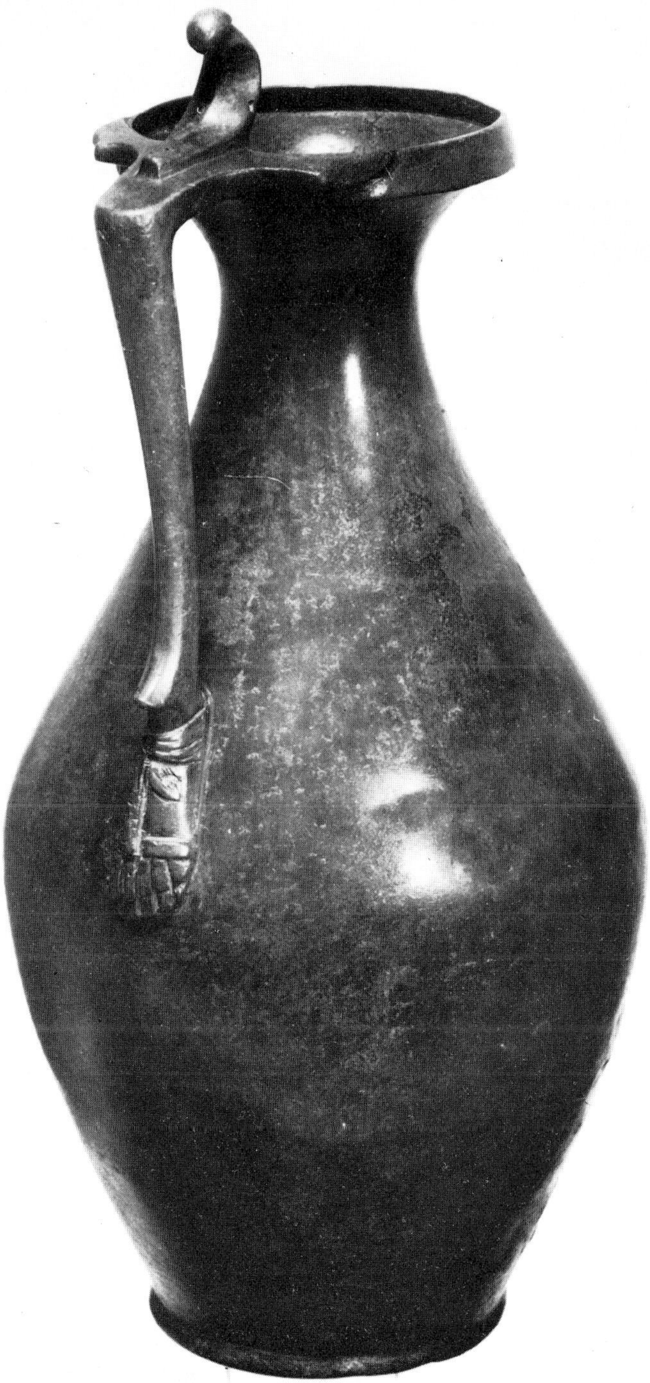

23 Bronzekanne mit Attasche in Form eines Fußes (Kat. 45)

24 *Eimer aus Bronze mit Bügelhenkel (Kat. 50)*

25 *Sieb aus Bronze (Kat. 51)*

26 Großer Bronzekessel (Kat. 52)

27 Ringhenkelattasche von der Bronzeschale (Kat. 55)

53
Teller
Inv. Nr. 1981, 4418. Dm 31 cm

Der schlichte ganz flache Bronzeteller mit dem niedrigen Rand ist innen verzinnt.

54
Teller
Inv. Nr. 1981, 4423. Dm 13,5 cm

Der kleine gewölbte Bronzeteller hat keine Standfläche und einen umgebogenen Rand. Er ist innen verzinnt und mit einem groben Ritzmuster verziert.

Schalen

Schalen sind naturgemäß in allen Bereichen des Lebens zu verwenden. Es gibt sie dementsprechend auch in unzähligen Formen, in allen Größen, schlicht oder verziert. Vier Schalen des Weißenburger Schatzfundes sind in ihrer Funktion durch Inschriften bzw. Darstellung als Votivgabe ausgewiesen, die anderen könnten zum Küchengeschirr gezählt werden.

55
Schale *(Abb. 27)*
Inv. Nr. 1981, 4413. Dm 37 cm

Die große steilwandige Bronzeschale ist mit drei Ringhenkelattaschen ausgestattet. Damit konnte man sie in ein dreibeiniges Tischgestell einhängen. Die gesamte Innenfläche ist mit Ritzzeichnung überzogen: im zentralen, halbierten Tondo oben die thronende Epona mit Ähren und Füllhorn in der Hand, umgeben von drei Pferden; unten Bacchus auf dem Pantherwagen, begleitet von Pan und einem Eroten. Ein breiter Streifen umgibt das Mittelfeld. Dort sehen wir Pan, Satyrn und tanzende Mänaden; zwischen den Zonen Ornamentbänder.

56
Schale *(Abb. 28)*
Inv. Nr. 1981, 4422. Dm 25,5 cm

Die steilwandige Bronzeschale ist innen verzinnt. Ursprünglich besaß sie zwei Ringhenkel. Auf der Außenseite Werkstattstempel, innen punktierte Inschrift: EPONAE. Es handelt sich also um eine Weihgabe an Epona.

57
Schale
Inv. Nr. 1981, 4421. Dm 24,7 cm

Ganz ähnliche innen verzinnte Bronzeschale wie Kat. 56. Der eine erhaltene Ringhenkel hat eine Dreiecksattasche. Außen Werkstattstempel, innen Weihinschrift: EPONAE.

58
Schale
Inv. Nr. 1981, 4420. Dm 26,5 cm

Ganz ähnliche innen verzinnte Bronzeschale wie Kat. 56 und 57 mit einem Ringhenkel an einer Blattattasche. Außen Werkstattstempel und Besitzerinschrift MARCELLINI.

29 Bronzeschale mit rippenverzierter Wandung (Kat. 61)
Oben: 28 Bronzeschale mit Weihinschrift an Epona (Kat. 56)

59
Ausgußschale
Inv. Nr. 1981, 4412. Dm 30 cm

Die steilwandige, innen verzinnte Bronzeschale ist an einer Stelle unter dem Rand siebartig durchlöchert. Ursprünglich saß an dieser Stelle außen eine Ausgußschnauze, so daß man die gefilterte Flüssigkeit bequem abgießen konnte.

60
Rippenschale
Inv. Nr. 1981, 4417. Dm 34 cm

Die Bronzeschale hat im Zentrum eine kleine runde Fläche, von der aus die Rippen radial über die Wandung zum Rand führen. Letzterer ist abgesetzt und leicht gewellt. Außen sitzen zwei Ω-förmige Henkel in schweren bleigefüllten zungenförmigen Attaschen.

61
Rippenschale *(Abb. 29)*
Inv. Nr. 1981, 4416. Dm 36,5 cm

Die Bronzeschale hat dieselbe tiefe Form wie Kat. 60. Die Rippen wellen sich hier jedoch spiralig die Wandung hoch. Von den beiden Ω-Henkeln ist einer erhalten.

62
Schale
Inv. Nr. 1981, 4414. Dm 30 cm

Die Bronzeschale mit flachem Boden und senkrechtem Rand, der zur Mündung ausbiegt, ist auf ein eisernes Fußgestell mit vier Beinen aufmontiert. Damit konnte man die Schale aufs Feuer setzen. Im Inneren sind deutlich die Schlagspuren vom Treiben zu sehen.

63
Schale
Inv. Nr. 1981, 4415. Dm 32 cm

Schale wie Kat. 62. Der Befestigung des ursprünglichen eisernen Fußgestells diente ein Bronzestift im Zentrum.

E Beschläge

Vielerlei Gebrauchsgegenstände versuchte man künstlerisch zu gestalten, und so versah man Objekte aus organischem Material oft mit Beschlägen aus Edelmetall oder Bronze. Manche waren figürlich gehalten, manche ornamental, z. T. in sehr feiner Durchbruchsarbeit. Besonders häufig finden wir Beschläge an der Ausrüstung von Soldaten und ihren Pferden, wo die vielen ledernen Riemen und Gurte mit Bronzeauflagen verstärkt und verziert wurden. Außerdem zeigten die Römer eine Vorliebe dafür, Möbel und Kästen mit Beschlägen auszustatten. Bei vielen erhaltenen Objekten ist nicht mehr klar, an welchen Gegenständen sie gesessen haben, da der organische Stoff in den Jahrtausenden vergangen ist.

64/65
Beschläge
Inv. Nr. 1981, 4425 a und b. L. 32,5 cm und 31,5 cm

Zwei lange bandartige Bronzeblechstreifen, an den Enden spitz auslaufend. Auf der Rückseite je vier Stege, welche die Bänder auf der Unterlage hielten.

66
Beschlag
Inv. Nr. 1981, 4426. Dm 5,5 cm

Das Stück besteht aus einer runden Bronzeplatte und einem fünfeckigen Beschlag, dessen inneres Rund mit konzentrischen Ornamentbändern in Durchbruchsarbeit verziert ist. Zwischen beiden Teilen finden sich die Reste von organischem Material. Etwa die Hälfte des durchbrochenen Beschlages fehlt.

67–71
Beschläge *(Abb. 30)*
Inv. Nr. 1981, 4427 a–e. 4,0–4,4 cm x 7,5–7,6 cm

Wir haben 5 rechteckige Bronzebeschläge vor uns. Innerhalb eines massiven Rahmens, der jeweils sechs Befestigungslöcher aufweist, sehen wir ein in Reihen gegliedertes Durchbruchsornament. Die Muster wiederholen sich bei je zwei Stücken, eines steht allein. In einem Beschlag ist noch ein langer Bronzenagel zum Befestigen erhalten.

72–80
Beschläge
Inv. Nr. 1981, 4428. Dm 4,9 x 6 cm

Neun rund angelegte Beschläge mit einem zentralen Loch und außen Ornamentrand in Durchbruchsarbeit.

81
Gürtelschnalle
Inv. Nr. 1981, 4429. H. 3,4 cm

An einem schmalen doppelten Beschlagstück aus Bronze, das mittels eines Niets an einem Ledergürtel befestigt war, sitzt eine kleine Bronzeschnalle mit Dorn.

30 Bronzebeschläge in Durchbruchsarbeit (Kat. 67–71)

F Eisengeräte

Vertraten die Statuetten und manche Gefäße sowie die Votivbleche die religiöse Komponente des Schatzfundes, die Paraderüstungsteile den militärischen Aspekt, so kommen wir mit den Eisengeräten zum eher profanen Teil, gleichwohl ihre Zugehörigkeit zu einem Tempel oder Heiligtum deshalb nicht ausgeschlossen werden muß. Drei größere Gruppen lassen sich zusammenfassen, es sind die „Küchengeräte", „Zubehör zu Pferd und Wagen" und „Holzbearbeitungsinstrumente". Offensichtlich repräsentierten diese Eisenteile einen hohen ideellen oder materiellen Wert, so daß man sie nicht in fremde Hände fallen lassen wollte und deshalb vergrub.

Küchengeräte

In diese Gruppe fallen all jene Objekte, die man zum Kochen verwenden konnte. Die in Pompeji aufgefundenen Küchen zeigen den üblichen Bestand an Geräten, darunter Töpfen wie Kat. 49, 59 und 60 und dazu nun:

82

Dreifuß

Inv. Nr. 1981, 4434. H. 24 cm

Der schwere eiserne Dreifuß hat relativ hohe Beine und ein rundes Auflager. Er ist in drei Teilen geschmiedet und zusammengeschweißt. Die Form eignet sich besonders für rundbodige Kochtöpfe.

83

Fleischspieß

Inv. Nr. 1981, 4442. L. 45,3 cm

Das Gerät besteht aus einem im Querschnitt viereckigen Eisenstab mit Tülle, an dessen Ende zwei Zinken im rechten Winkel abgebogen sind (jetzt abgebrochen).

84/85

Zwei Randreifen

Inv. Nr. 1981, 4435 und 4436. Dm 32,8 und 38 cm

Die eisernen Randreifen konnte man unter dem Rand um die Gefäße legen. An zwei sich gegenüberliegenden Stellen des Rundes ist der Reifen zu einer Öse hochgebogen, in welche die Enden des Bügelhenkels eingehängt sind.

86

Schaufel

Inv. Nr. 1981, 4439. L. 97,2 cm

Wir haben eine Herdschaufel mit trapezförmigem flachem Blatt und abgerundeten Ecken. Der lange Stiel endet in einem runden Knopf.

Pferd und Wagen

Transportmittel und Zugtiere spielten in unserem Gebiet, das von Durchgangsverkehr und Militär geprägt war, eine große Rolle. Reste davon finden sich auch im Eisengerät des Schatzfundes von Weißenburg. Man könnte diese Gruppe von Gegenständen zum Ersatzteillager einer Wagenschmiede rechnen.

87

Hufschuh

Inv. Nr. 1981, 4437. L. 18 cm

Die römischen Hufschuhe, die man hufkranken Pferden in schwierigem Gelände umband, bestehen aus einer flachen annähernd runden Grundplatte. Vorne und seitlich hinten sind Laschen hochgebogen, an deren abschließenden Ösen man Riemen befestigen konnte, die wiederum den Pferden um die Hufe gebunden wurden.

88

Vier Teile einer Kette *(Abb. 31)*

Inv. Nr. 1981, 4446. Gesamtlänge 8,30 m

Bei dieser ziemlich groben Kette mit langovalen und achterförmigen Gliedern handelt es sich wahrscheinlich um eine Transportkette. Ein Ende ist mit einem kräftigen Haken, das andere mit einem Ring versehen.

89/90

Zwei Ringe mit Beschlagstück

Inv. Nr. 1981, 4447 a und b. Ring: Dm 12 cm. Beschlag: L. 16 und 4 cm

Es handelt sich bei diesem nicht sicher zu identifizierenden Objekten um jeweils einen schweren Eisenring, mit dem mittels eines eingebogenen Eisenbandes eine Halterung beweglich verbunden ist. Die Halterung besteht aus einem senkrechten Teil, in dessen Mitte ein großes Loch gebohrt ist, und einer flachen länglichen Platte.

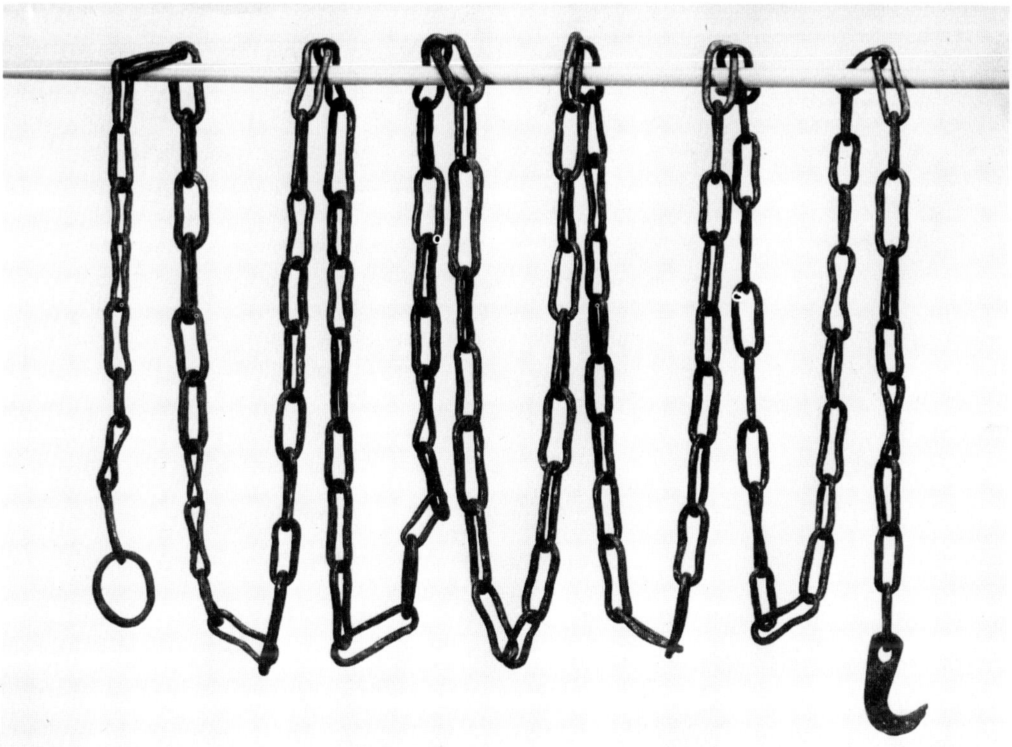

31 Lange Eisenkette (Kat. 88)

91–93
Drei große Achsreifen
Inv. Nr. 1981, 4451 a–c

Kräftige bandförmige Reifen, die das Holz der Wagenachsen zusammenhalten sollen.

94–96
Drei kleine Achsreifen
Inv. Nr. 1981, 4452 a–c

Kräftige bandförmige offene Reifen, die mit Kat. 91–93 zusammen zur Festigung der Achsen dienten.

97/98
Zwei Ringe
Inv. Nr. 1981, 4454 a und b. Dm 9,5 cm

Gegossene flache Ringe.

Holzbearbeitungsinstrumente

Eine Reihe von Geräten des Schatzfundes gehören zur Holzbearbeitung. Die wichtigsten Arbeitsgänge – Behauen und Spalten, Sägen, Hobeln und Bohren – können damit ausgeführt werden.

99–101
Drei Äxte *(Abb. 32)*
Inv. Nr. 1981, 4443, 4444, 4445. L. 20,5 cm, 18 cm; 15,5 cm

Die drei Äxte sind in der Form von Schaftlochäxten gearbeitet und besitzen eckige Schaftlappen und eine geschweifte Klinge.

102
Beitel
Inv. Nr. 1981, 4449. L. 26 cm

Der Beitel wird nach vorne schmaler und ist mit einer Tülle versehen.

103
Säge
Inv. Nr. 1981, 4440 und 4441. L. 33,4 cm und 7 cm

Zwei bandförmige Sägeblattfragmente, die mit einer gleichmäßigen Dreieckszahnung versehen sind.

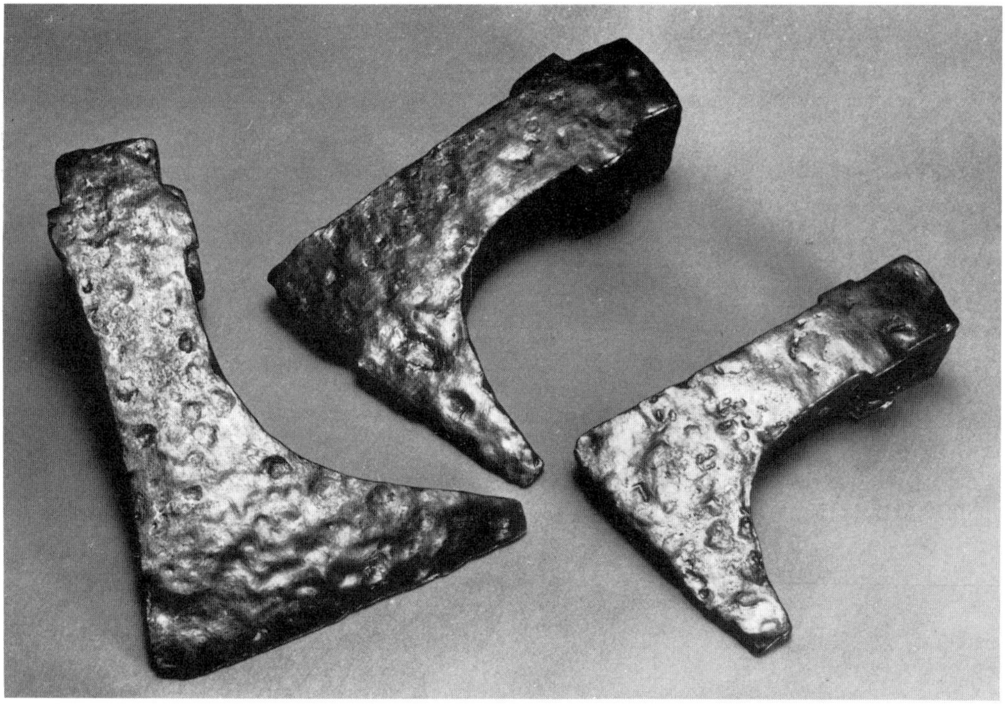

32 Drei Eisenäxte (Kat. 99–101)

33 Dosenförmiges Eisenschloß mit Kette (Kat. 108) und einzelner Schlüssel mit Bronzegriff (Kat. 109)

104

Hobeleisen

Inv. Nr. 1981, 4449. L. 22,8 cm

Das Hobeleisen besteht aus einen gleichmäßigen, an einem Ende einseitig angeschliffenen Eisenstück. Am oberen Ende verdickt es sich zu einer kleinen ovalen Platte.

105

Löffelbohrer

Inv. Nr. 1981, 4448. L. 28 cm

Werkzeug mit löffelförmiger Bohrmulde an einer Seite und dreieckiger Griffplatte an der anderen Seite. Der im Querschnitt viereckige Schaft ist tordiert.

106

Klappstuhl

Inv. Nr. 1981, 4430. H. ca. 60 cm

Der Klappstuhl ist sehr raffiniert konstruiert. Er besteht aus zwei rechteckigen Eisenrahmen, die mit Scharnieren verbunden und gegeneinander beweglich sind. Die Rahmen lassen sich außerdem, noch einmal durch Zusammenklappen in der Breite halbieren, so daß das Maß nur noch ca. 60 x 23 cm beträgt. Verzierungen stellen die Voluten an der vorderen, oberen geteilten Rahmenstange dar und die an der gleichen Stange angebrachten Bronzeknöpfe.
Ein Möbelstück, das auf so ausgeklügelte Weise zum Handhaben ist, wurde bis jetzt in unserem Gebiet noch nicht gefunden, lediglich ein einfacheres Stück stammt aus einem Grab bei Wehringen. Funde aus Pannonien und Thrakien legen nahe, im Besitzer eines solchen Klappstuhles den Inhaber eines bestimmten Amtes oder Ranges zu erkennen.

107

Waage

Inv. Nr. 1981, 4433. L. des Waagbalkens 41,5 cm. Dm der Waagschale 15,8 cm. Gewicht 940 g.

Eine römische Waage besteht wie diese hier aus mehreren Teilen: einem Waagbalken, den man an einer Öse aufhängen konnte und der Wertskalen zeigte, einer Waagschale, die an vier Ketten am einen Ende des Balkens hing,und dem Gewicht, das am Balken hin- und herzuschieben war. An verschiedenen Haken war die Waage für die unterschiedlichen Skalen aufzuhängen.
Die römischen Schnellwaagen sind einfach zu bedienen. Ihr Prinzip hat sich deshalb bis heute erhalten. Da es nicht auf das genaue Gewicht des Laufgewichtes ankam, sondern auf die Skaleneinteilung, hat man dieses oftmals auch figürlich in Büstenform gestaltet.

108

Schloß *(Abb. 33)*

Inv. Nr. 1981, 4431. L. der Kette 78 cm. Dm des Schlosses 6,5 cm

Das dosenförmige Schloßgehäuse ist mit einer Öse versehen, an der eine Kette befestigt ist. Sie besteht aus abwechselnd ovalen und achterförmigen Gliedern. An ihrem anderen Ende hängt ein Stift mit Öse, der im Schloß mittels einer Federmechanik einrasten konnte. Damit wurde die Kette geschlossen. In römischer Zeit gab es mehrere unterschiedliche Arten von Schlössern, welche der jeweiligen Verwendung angepaßt waren, z. B. Schiebe-, Dreh- oder Federschlösser. Es gab dazu die charakteristischen Schlüssel.

109

Schlüssel *(Abb. 33)*

Inv. Nr. 1981, 4432. L. 8,9 cm

Der Schlüssel besteht aus einem im Querschnitt rechteckigen Bronzegriff, der am Ende zum Aufhängen durchbohrt ist, und einem rechtwinklig umbiegenden Bart aus Eisen mit zwei Einschnitten.

Kleine Eisenteile

110

Vierkantiger Eisenstab

Inv. Nr. 1981, 4455 a. L. 21 cm

111

Runder Eisenstab

Inv. Nr. 1981, 4455 b. L. 28,5 cm

112

Ösenstift

Inv. Nr. 1981, 4457. L. 10,1 cm

113

Nagel

Inv. Nr. 1981, 4458. L. 8,1 cm

Deutung des Fundes

Der Fund scheint auf den ersten Blick aus einem Teil mit sakralen Gegenständen zu bestehen, während ein anderer Teil Sachen des profanen Gebrauchs enthält. Die drei Gesichtsmasken und der Hinterhaupthelm verweisen als Bestandteile von Paraderüstungen in den militärischen Bereich, was in Anbetracht der Nähe der Fundstelle zu einem Limeskastell nicht verwundert. Eindeutig aus einem Heiligtum stammen die Bronzestatuetten von Göttern und Genien, wobei sowohl Anzahl wie Größe und Qualität den Rang und die Bedeutung dieses Heiligtums hervorheben. Dem vorliegenden Fundbestand ist kein Hinweis zu entnehmen, daß dieses Heiligtum einer bestimmten Gottheit oder einem bestimmten Kult gewidmet war. Es sind vertreten römische ,,Reichsgötter", wie Jupiter, Juno, Apollo sowie solche Götter, die sich gerade in den Provinzen besonderer Verehrung erfreut haben, wie Venus, Merkur oder die Kombination Merkur, Minerva und Apoll und schließlich Götter, die eine große Rolle im Soldatenleben gespielt haben, wie Minerva, Mars, Victoria, Fortuna, Herkules und der Genius loci. Die mehrfachen Zeugnisse der Verehrung der keltischen Pferdegottheit Epona illustrieren die Bedeutung der Pferde für eine berittene Truppe, lassen aber auch noch etwas von dem sonst nicht mehr faßbaren keltischen Bevölkerungssubstrat ahnen.

Da die Weihungen an Epona in Bronzeschalen entdeckt worden sind, deren Verwendung man sonst in Haus und Küche angenommen hätte, erscheint die Frage durchaus berechtigt, ob nicht auch die sonstigen Gebrauchsgeräte und -gefäße in kultischer Verwendung gestanden hatten.

Damit wäre der Fund das ganze Inventar oder ein Teil des Bestandes eines oder des Tempels beim Kastell Weißenburg, wobei natürlich der Zufall unter akuter Feindbedrohung noch einiges dazu gemischt haben mag. Recht deutlich als Kultgeräte geben sich die 1 m lange Stecklampe und die große Eisenschaufel zu erkennen, aber auch der Klappstuhl ist zumindest ein rang-spezifisches Attribut, und schließlich könnten Äxte und Messer, Säge und Fleischspieß u. a. zu Opfer und Opfermahl gedient haben. Eine Stütze finden solche Gedanken durch die Zusammensetzung des ebenfalls nur aus Metallgegenständen bestehenden Sammelfundes aus dem Dolichenus-Heiligtum von Mauer an der Url in Niederösterreich. In diesem sind ebenfalls Silbervotive und Statuetten als Kultfiguren enthalten; darüber hinaus verbinden die beiden Funde noch weitere Gemeinsamkeiten. Zehn Bronzegefäße, vier Lampen, vier Schnellwaagen, ein Eisendreifuß, acht Beile, zwei Sägen und ein Schlüssel repräsentieren in Mauer a. d. Url Fundgruppen, die auch im Weißenburger Ensemble vertreten sind. Auch wenn wir bisher von der Ausstattung der Heiligtümer und Tempel in den Nordprovinzen kaum etwa wissen, so liegt die Annahme doch nahe, daß wir in beiden Fällen das Inventar von Heiligtümern vor uns haben, das man in bedrohlicher Notlage jeweils in einer Grube beim Kastell verborgen und vergraben hat.

Vergrabungszeit

Da der Schatzfund von Weißenburg ebenso wie der Dolichenus-Fund von Mauer a. d. Url, aber auch die Funde von Straubing und Eining keine Münzen enthalten, ist die Zeit, wann man sie der Erde anvertraut hat, nicht ohne weiteres zu ermitteln. Einen allgemeinen Hinweis geben die Silbervotive, deren Auftreten nördlich der Alpen nach den bisher bekannten Funden in das späte 2. und das frühe 3. Jahrhundert n. Chr. fällt. Ob ein Sammelfund von Silbervotiven aus dem Rhein bei Rheingönheim hierzu neue Gesichtspunkte bringt, läßt sich nicht beurteilen, da er noch nicht restauriert und bearbeitet ist. Auch Gesichtsmasken und Hinterhaupthelme begegnen in den Provinzen am Nordrand der Alpen bisher nicht in Funden, die sich vor der Wende zum 3. Jahrhundert datieren lassen. Die Entstehungszeit der Statuetten erstreckt sich über einen ziemlich langen Zeitraum hinweg. Sie stammen zudem aus ganz unterschiedlichen Werkstätten innerhalb des römischen Reiches. Im Bestand des Schatzfundes finden sich Figuren aus Rom selbst neben solchen aus dem östlichen Mittelmeerraum und anderen aus dem gallischen Bereich. Ihre Datierung läßt sich durch stilkritische Untersuchungen von der Mitte des 2. Jahrhunderts bis an den Anfang des 3. Jahrhunderts festlegen. Ein näherer Zeitansatz für den Weißenburger Fund ist nur über die Bronzegefäße möglich. Unter diesen befinden sich frühe Stücke, wie die Kanne Nr. 44 mit dem Vulcan-Henkel oder die Lampen Nr. 37/38, sowie eine Reihe von langlebigen Typen, wie die Kanne Nr. 45 mit dem Fußhenkel, die Blattattasche der Schale Nr. 58, verschiedene Teller und Schalen. Die meisten Gefäße gehören jedoch Formen an, die nicht oder nur wenig vor dem Beginn des 3. Jahrhunderts bezeugt sind. Die beiden Henkel Nr. 47/48 gehören zu Bronzeblechkannen mit schlankem Hals und tiefsitzendem Bauch, wie sie gerade in den Nordprovinzen weite Verbreitung erlangt hatten. Vier solche Kannen befanden sich in Grab 3 von Wehringen, das von der Fülle seiner Beigaben in die Zeit nach 200 n. Chr. datiert wird. Die Form des Bronzesiebs Nr. 51 mag noch im 2. Jahrhundert aufgekommen sein, zahlreich belegt ist sie jedoch in Schichten und Funden aus der ersten Hälfte des 3. Jahrhunderts. Siebe dieser Art kommen meist mit genau anpassenden Kellen vor und bilden so mit ihnen eine Trinkgarnitur für Wein und Säfte. Eine besonders schöne solche Garnitur befand sich in einem der kleineren Sammelfunde aus dem Oppidum von Manching von 1955 zusammen mit einem Bronzeteller der Form wie Nr. 62/63, Paraderüstungsteilen, verschiedenem Eisengerät und einem eisernen Kettenpanzer; der Manchinger Fund wird in der Zeit nach 230 n. Chr. in den Boden gekommen sein. Auch für den zylindrischen Bronzekessel wie unsere Nr. 52 lassen sich nur Parallelen aus dem 3. Jahrhundert namhaft machen. Zu den Schalen Nr. 56/58 stammt ein in der Form fast identisches Vergleichsstück aus den Grabungen der Prähistorischen Staatssammlung in Pfaffenhofen am Inn; dort wurde es in Schichten aus dem ersten Drittel des 3. Jahrhunderts gefunden. Die Ausgußschale Nr. 59 hat eine recht gute Entsprechung im Bronzegeschirrfund vom Kastell Dambach, der sicherlich beim Untergang der Befestigung im 3. Jahrhundert in den Boden gekommen ist. Auch die beiden Rippenschalen haben die besten Parallelen im 3. Jahrhundert. Nachdem der reiche Formenbestand der mittleren Kaiserzeit nördlich der Alpen sehr bald nach der Mitte des 3. Jahrhunderts, etwa in der bewegten Regierungszeit des Kaisers Gallienus (254/268 n. Chr.) abbricht, kommt für eine Vergrabung des Fundes von Weißenburg nur diese Zeit oder die Jahrzehnte davor in Frage. Ein Blick auf den allgemeinen Zeithorizont und auf die Situation des Weißenburger Kastells erlaubt es nun, den Zeitraum noch etwas näher zu umreißen.

Der Fundhorizont

Aus den Provinzen nördlich der Alpen gibt es eine ziemliche Anzahl von Sammelfunden mit Bronzegeschirr und Eisengerät. Joachim Werner war der erste, der diese Funde analysiert und in einem historischen Zusammenhang gesehen hat. Diese Metalldepots bilden einen Fundhorizont, der auf die Einfälle und Raubzüge der Franken, Alamannen und anderer germanischer Völkerschaften und den Zusammenbruch der Limesverteidigung zurückzuführen ist. Aus diesem Fundhorizont wurden 16 Depots betrachtet und zwar die von Dambach, Manching, Aichholzhof, Waldkirch, Walheim, Rutesheim, Dienstweiler, Detzem, Gettenau, Reinzabern, Saalburg, Seltz (2 Funde), Filzen, Metz-Queulieu und Martigny.

In diesen Funden kamen Siebe (wie Nr. 51) mit oder ohne Kellen vierzehnmal vor, Kannen mit gegossenem Griff (wie Nr. 47/48) siebenmal, zylindrische Eimer (wie Nr. 52) viermal, gegossene Bronzekannen (wie Nr. 44) ebenfalls viermal, steilwandige Schalen mit umgelegtem Rand (Form wie Nr. 62/63) und solche mit leicht nach außen schwingendem Rand je dreimal und schließlich gerippte Becken, Ausgußbecken (wie Nr. 59) und Dreifuß (wie Nr. 82) je zweimal. Daraus ergibt sich klar, daß auch der Schatz von Weißenburg in diesen Fundhorizont gehören muß, wobei auf Grund der Lage Weißenburgs am raetischen Limes hier nur die Alamanneneinfälle zwischen 233 und 259/260 n. Chr. in Frage kommen können.

Raetien im 3. Jahrhundert

Die Alamannen erscheinen erstmals 213 n. Chr. vor dem Raetischen Limes. Eine überlieferte Nachricht besagt, daß Kaiser Caracalla (211–217) sich veranlaßt sah, gegen die neu an den Grenzen aufgetauchten Alamannen von Raetien aus einen Feldzug zu unternehmen. Diese Nachricht wird in gewisser Weise bestätigt durch den für jene Zeit nachgewiesenen Aufenthalt des Kaisers in unserer Provinz. Bei diesem Feldzug bildeten sicherlich wesentliche Teile des obergermanischen und des raetischen Heeres den Kern der Streitmacht Caracallas; Fragmente eines Weihealtars an Fortuna redux für die glückliche Rückkehr können wohl als Zeugnis für die Teilnahme der Cohors I Breucorum aus Pfünz und Böhming gewertet werden. Aber auch Abordnungen von Truppen aus Ägypten und Ungarn sind bezeugt. Ob es militärische Siege gewesen sind, wie die einen Historiographen berichten, oder Goldzahlungen an die Germanen, wie der Caracalla übelwollende Aurelius Victor überliefert, auf jeden Fall blieb die Lage am Raetischen Limes für die nächsten zwei Jahrzehnte ruhig.

So konnte der Kaiser Severus Alexander 231 n. Chr. für seinen Feldzug gegen die neu aufstrebende Macht der Sassaniden in Persien unbesorgt auch Truppenteile von der Rhein- und Donaugrenze abziehen. Dies allerdings nützten die Alamannen 233 n. Chr. zu einem mächtigen Angriff auf den Limes, bei dem sie viele Kastelle erobern und weit ins Hinterland mordend und plündernd vordringen konnten. Schriftstellernachrichten, Ausgrabungsbefunde und über 20 Münzschatz-

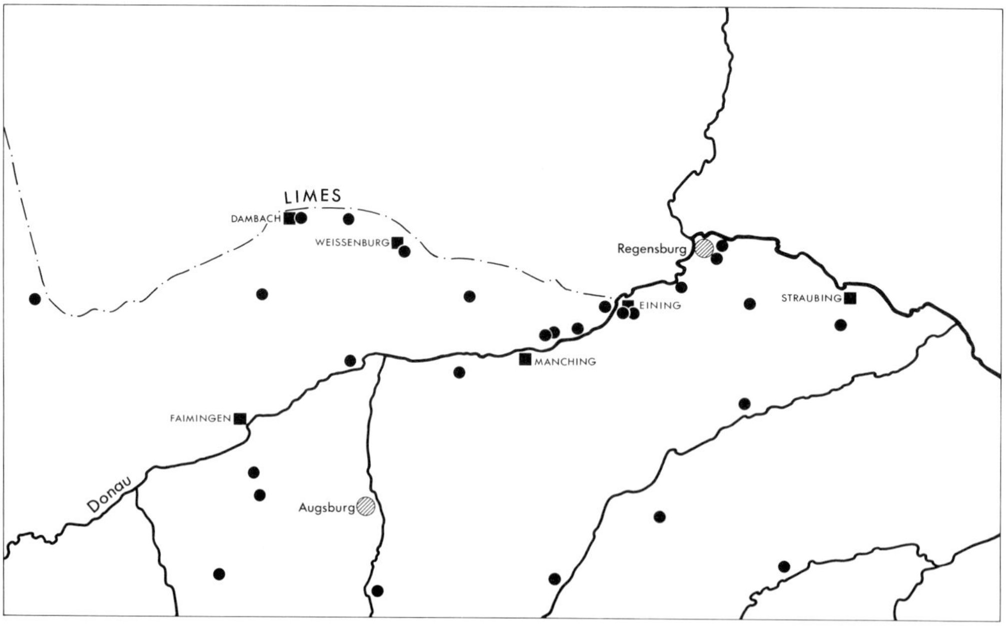

34 Römische Verwahrfunde in Rätien 233–259/60: ● Münzen, ■ Gegenstände aus Metall

funde allein in Bayern bezeugen das Ausmaß der Katastrophe, die hauptsächlich das Limesgebiet und den westlichen Teil der Provinz Raetien betroffen zu haben scheint. Auch viele Sammelfunde mit Paraderüstungsteilen, Bronzegeschirr und Eisengerät werden damals verborgen worden sein, doch läßt sich bei solchen Funden das Vergrabungsdatum nicht so exakt fixieren wie bei Münzschätzen. Ob damals auch das Kastell Weißenburg von den Ereignissen betroffen wurde, läßt sich aus den alten Grabungsbefunden nicht sagen, aber aus der allgemeinen Situation vermuten. Einfälle der Alamannen in das östliche Raetien etwa um 242 n. Chr. haben jedoch Weißenburg nicht berührt.

Die Kräfte des Römischen Reiches reichten nicht mehr aus, die Lage zu stabilisieren und die Limesgrenze wiederherzustellen. Ein weiterer großer Germaneneinfall, vermutlich im Frühjahr 254 n. Chr., brachte Unruhe und Zerstörungen bis weit nach Gallien mit sich. Damals wurde auch der Nordwesten Raetiens in Mitleidenschaft gezogen, wie einzelne Münzschätze anzeigen. Ein Münzfund aus dieser Zeit, der bei den Ausgrabungen an der Via principalis im Kastell Weißenburg gefunden wurde, ist das letzte Zeugnis römischer Anwesenheit im Kastell und dürfte mit großer Wahrscheinlichkeit mit dessen Ende in Zusammenhang stehen. So scheint einiges dafür zu sprechen, daß damals, wenn nicht schon 233 n. Chr., auch der Schatzfund verborgen worden war. Von dem letzten großen Schatzfundhorizont am Limes aus den Jahren 259/260 n. Chr. kennen wir Münzschätze an der Limesstrecke selbst nicht mehr, sondern nur noch von deren Anschlußbereichen an die Flußgrenzen bei Niederbieber am Rhein und Regensburg an der Donau.

Die Kastelle bei Weißenburg

Lang bekannt ist das Kastell westlich der Stadt im Kesselfeld in der heute zum Stadtgebiet gehörenden Flur Steinleinsfurt. Diese Anlage wurde 1890–1898 im Auftrage der Reichslimeskommission von Apotheker Wilhelm Kohl „erforscht" und vor der Publikation im Limeswerk 1905 von E. Fabricius nachuntersucht. Seither haben keine Ausgrabungen mehr stattgefunden, was unseren mangelhaften Wissensstand erklärt. Aufgedeckt wurde damals ein Steinkastell von dem für Limesanlagen üblichen rechteckigen Grundriß mit abgerundeten Ecken; die Ausmaße betragen rund 171/174 x 179 m und somit etwa 31 000 qm. Damit war dieses Kastell größer als das Cohortenkastell Pfünz, aber erheblich kleiner als das Alenkastell Pförring. Es hatte die Prinzipalachse in Ost-West-Richtung und das Haupttor, die Porta Praetoria, im Süden. Umgeben war es von zwei parallelen Spitzgräben. Das Kastell wurde nach dem vorliegenden Befund gegen die Mitte des 2. Jahrhunderts in Stein ausgebaut. Da nun aufgrund der Aussage der Funde und von historischen Erwägungen aus bereits um 90 n. Chr. dort ein Kastell bestanden haben muß und dieses nur in der in jener Zeit üblichen Holz-Erde-Bauweise errichtet gewesen sein kann, so wird dieses Vorgängerkastell entweder unmittelbar unter dem späteren Steinbauwerk oder wenig abweichend davon gelegen haben. Nur bestand bei den seinerzeitigen Grabungsmethoden keine hinreichende Möglichkeit, es zu erkennen und zu lokalisieren.

Zu diesem Kastell Weißenburg gehörten eine große Zivilsiedlung mit rund 750 m Durchmesser und entsprechende Nebenanlagen, vor allem natürlich ein Kastellbad. Ein 1926 entdecktes und in Eile nur mangelhaft untersuchtes Badegebäude rund 100 m westlich des Westtores des Kastells wurde mit guten Gründen als solches gedeutet. Nun kam aber bei Erdarbeiten 1978 nur ca. 70 m nordwestlich der Nordwestecke des Kastells ein weiteres kleines Badegebäude zutage; da auch hier keine Plangrabung erfolgen konnte, läßt sich weder über die Größe dieses neuen Bades noch über das zeitliche Verhältnis der beiden genannten zueinander etwas sagen. Während das mehrfach umgebaute Badegebäude von 1926 etwa die Dimensionen eines Bades für die Kastellbesatzung hatte und das 1978 angeschnittene kleiner gewesen sein muß, erwies sich die 1977 etwa 200 m westlich

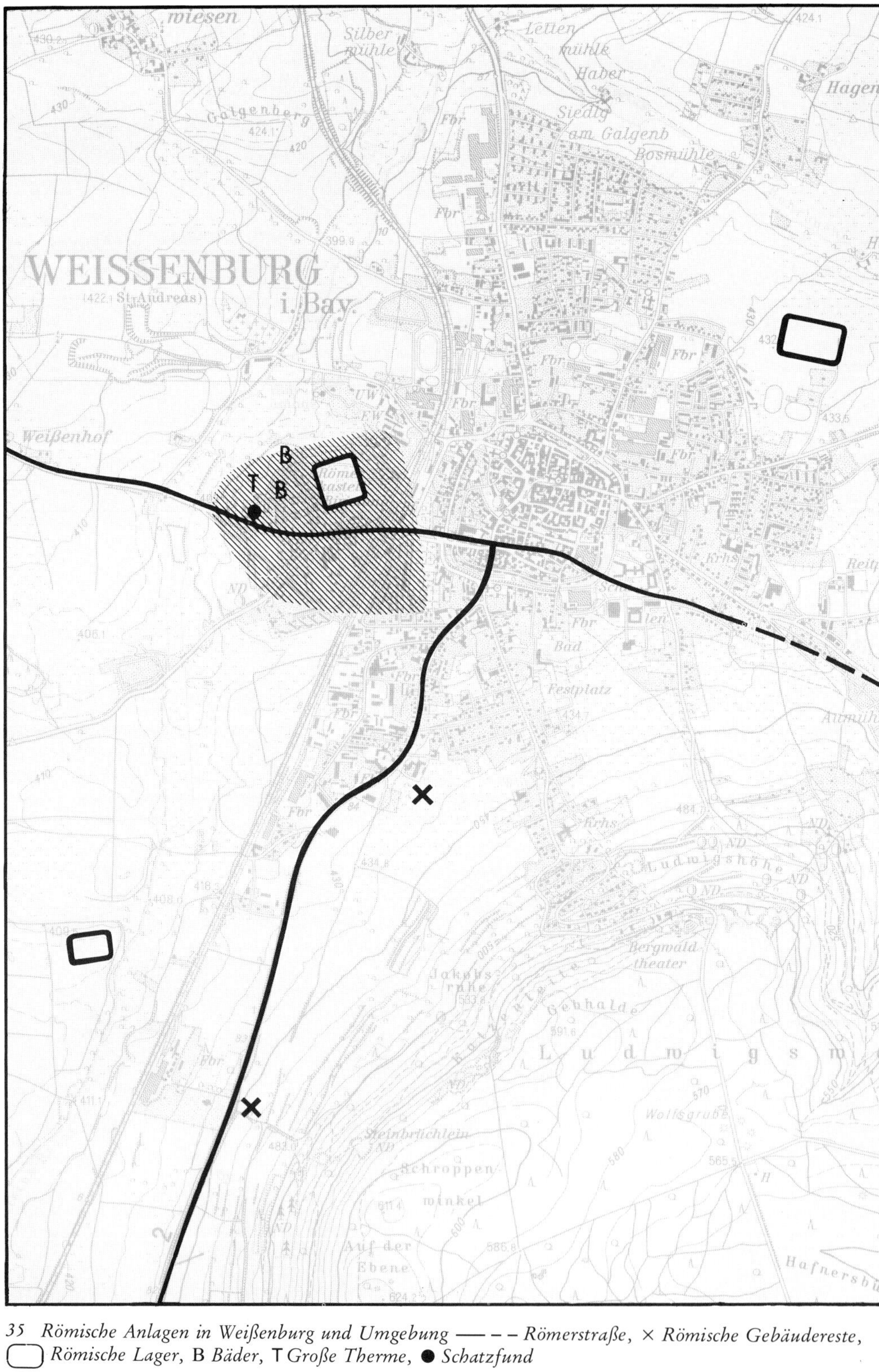

35 Römische Anlagen in Weißenburg und Umgebung ——— – – Römerstraße, × Römische Gebäudereste, ▢ Römische Lager, B *Bäder,* T *Große Therme,* ● *Schatzfund*

des Kastells entdeckte, dann vollständig ausgegrabene und jetzt konservierte Therme mit einer Länge von 65 m und einer größten Breite von 42,5 m für den unmittelbaren Limesstreifen von so ungewöhnlicher Größe, daß in der Weißenburger Zivilsiedlung schon der Hauptort einer römischen Civitas vermutet wurde. Sicherlich hatte es sich bei diesen Thermen um eine öffentliche Badeanlage gehandelt, wie es solche nur in Städten gegeben hat. Nach Feststellungen des Ausgräbers wurde die Therme nach 167/168 n. Chr. in den Markomannenkriegen zerstört und danach größer wiederaufgebaut; nach 228/231, „wohl im Gefolge der ersten Alamanneneinfälle des Jahres 233", ist sie endgültig durch Feuer zugrunde gegangen.

Weitere wichtige Entdeckungen im Weißenburger Raum erbrachte in den letzten Jahren die Luftbildarchäologie. Durch sie wurde 1976 am nordöstlichen Stadtrand von Weißenburg in der Flur Breitung, rund 1,6 km vom bekannten Kastell entfernt, der Doppelgraben einer rechteckigen Anlage von 240 x 160 m Ausdehnung entdeckt. Bei einer durch Baumaßnahmen veranlaßten Grabung 1979 wurden im Innenraum keine Bebauungsspuren und keine Funde beobachtet; doch ließ sich die Anlage durch einige Funde aus dem 2. Jahrhundert in den Gräben, als römisches Kastell identifizieren, das allerdings nur kurz bestanden hat. Fast gleich weit – etwa 1,7 km – vom Hauptlager in südwestlicher Richtung entfernt konnte 1977 aus der Luft der Grundriß eines kleineren Steinkastells beobachtet werden, das auf der Talterrasse der Rezat östlich von Emetzheim in der Flur Steinmaueräcker gelegen hat. Diese beiden Kastelle waren sicher dem Hauptkastell zugeordnet, dessen Praefect als Abschnittskommandant noch eine Reihe von Kastellen ostwärts und westlich am Limes befehligt hat.

Von der Geschichte des Kastells Weißenburg ergibt sich aufgrund dessen, was bisher bekannt ist, noch kein klares Bild. Der in der Tabula Peutingeriana im Lokativ überlieferte Name Biricianis ist wohl zum Nominativ Biriciana aufzulösen. Aufgrund der Funde, besonders der Münzen, entstand die erste Anlage im Kesselfeld bei der Vorrückung des römischen Grenzbereichs unter dem Kaiser Domitian gegen 90 n. Chr. Vom damaligen Lager, das in Holz-Erde-Bauweise errichtet war, sind bei den seinerzeitigen Ausgrabungsmethoden nur bescheidene Spuren wahrgenommen worden, so daß wir seine Größe nicht kennen. Im 2. Jahrhundert, wahrscheinlich unter dem Kaiser Antoninus Pius 138–161, wurde dann das Steinkastell errichtet, dessen Grundmauern wir heute noch besichtigen können. Eine datierte Weiheinschrift von 153 n. Chr., die im Kirchturm von Emetzheim eingemauert war, wurde bisher in einer allerdings nicht haltbarem Schlußfolgerung als Terminus ante für den Bau des Steinkastells betrachtet. Ein genauer Zeitpunkt läßt sich hierfür aber ebensowenig angeben wie für eine spätere Erweiterung des Stabsgebäudes in der Mitte oder die Errichtung der anderen Steinbauten im Kastell. In den Baracken für die Soldaten sind mehrfach doppelte, durch Brandschuttschichten getrennte Estrichböden gefunden worden. Es ist das Kastell also vor dem endgültigen Untergang mindestens einmal abgebrannt. Als Ursache kommen hierfür die Markomannenkriege, die den Raetischen Limes Anfang der siebziger Jahre des 2. Jahrhunderts betroffen haben, oder die Alamanneneinfälle von 233 n. Chr. in Frage. Die Markomannenkriege haben zu Zerstörungen am Raetischen Limes geführt, denn die inschriftlich bezeugten Baumaßnahmen in den Kastellen Böhming 181 n. Chr., Pfünz 183/185 n. Chr. und Dambach 185/191 n. Chr. setzen dies zusammen mit den Ausgrabungsbeobachtungen voraus. Nun wurde vor kurzem in dem nur gut 2 km von Weißenburg entfernt gelegenen Kastell Ellingen ebenfalls eine Bauinschrift ausgegraben, die Neubaumaßnahmen für 182 n. Chr. anzeigt. Zusammen mit den Feststellungen in der Therme gewinnt damit die bisher vermutete Datierung von Störungen im Kastell Weißenburg in den Markomannenkriegen erheblich an Wahrscheinlichkeit. Die Erweiterung des Mittelgebäudes u. a. könnten dann zum Wiederaufbau gehören. Nachdem der Raetische Limes im Katastrophenjahr 233 hart betroffen wurde und auch der Befund in der Therme darauf hinweist, könnte das Kastell Weißenburg damals auch in Mitleidenschaft gezogen worden sein. Der 1892 an der Via principalis nahe der Porta dextra ergrabene kleine Münzschatz mit den spätesten Geprägen von 252 n. Chr. zeigt uns das Ende des Kastells etwa 253/254 an.

Nachdem also nun geklärt ist, daß die Vergrabungszeit unseres Schatzfundes innerhalb der beiden Jahrzehnte von 233–253/254 n. Chr. liegt, bleibt noch die Frage, welche Truppe damals im Kastell gelegen hat. Zwei Einheiten sind für Weißenburg bezeugt. Das ist einmal die Ala I Hispanorum Auriana, eine Reitereinheit von 500 Mann, von der die meisten Nachweise erhalten sind und die auch die längste Zeit dort gelegen hat. Das früheste Zeugnis ist das Militärdiplom vom 30. 6. 107, mit dem dem Boier Mogatissa, dem Sohn des Comatullus, bei der ehrenvollen Entlassung aus der Ala I Hispanorum Auriana nach 25jähriger Dienstzeit die Verleihung des römischen Bürgerrechts bestätigt wurde. Wir müssen annehmen, daß Mogatissa in Weißenburg gedient hatte, sich danach mit seiner Familie dort niedergelassen hat und somit der erste namentlich bekannte Weißenburger Bürger ist. Wahrscheinlich hat also diese spanische Reitertruppe um 90 n. Chr. das Kastell erbaut. Ein für 153 n. Chr. datierter Weihestein vom Wachtmeister (optio) Flavius Raeticus der Ala Auriana wurde früher als Zeugnis für eine kurz vorher erfolgte Verlegung der Ala nach Weißenburg und einen damit verbundenen Steinausbau des Lagers gewertet. Damit wurde jedoch dem Text dieses Steins eine Aussage abgepreßt, die in ihm nicht enthalten ist. Die Ala Auriana erscheint in den Truppenlisten der raetischen Militärdiplome von 107 bis 157 n. Chr. und wird die ganze Zeit über in Weißenburg gelegen haben. Im Jahre 162 n. Chr. stehen nur noch 3 Alen in Raetien, nachdem die Ala Auriana kurz vorher abgezogen worden war. A. Radnóti vermutet nun, daß diese Truppe an den Partherkriegen des L. Verus teilgenommen hat und danach wieder nach Weißenburg zurückgekehrt ist. Da die Epona-Weihungen im Schatzfund auf eine Reitertruppe hinweisen und dieser Fund frühestens 233 n. Chr. in den Boden gekommen ist, scheint sich dadurch diese Theorie zu bestätigen.

Als zweite Truppe kennen wir für Weißenburg durch einen undatierten Weihestein an Jupiter die Cohors IX Batavorum equitata milliaria exploratorum, die mit der Einheit identisch sein dürfte, die ihr Standlager in Passau hatte. Während nun früher vermutet wurde, diese Truppe wäre vor der Ala Auriana in Weißenburg gewesen und dann um 140 n. Chr. nach Passau gekommen, hat A. Radnóti die Ansicht vertreten, die Ala sei 233 untergegangen und danach die Batavercohorte mit Wiederherstellungsarbeiten am Kastell Weißenburg beauftragt worden. Da aber die frühere Stationierung wegen des Militärdiploms von 107 n. Chr. ganz unwahrscheinlich ist, für die späte Anwesenheit 233–253/254 n. Chr. keine Beweise erbracht werden können und auch eine vorübergehende Kommandierung der Cohors IX Batavorum während der Abwesenheit der Ala Auriana in den Partherkriegen denkbar wäre, kann dieses Problem derzeit nicht gelöst werden. Bei dem mangelhaften Forschungsstand scheint eine Vergrabung des Schatzfundes von Weißenburg 233 n. Chr. als Inventar eines Tempels am Lager der Ala I Hispanorum Auriana am plausibelsten.